石油化工安装工程技能操作人员技术问答丛书

# 电气安装工

丛 书 主 编　吴忠宪
本 册 主 编　王树华
本册执行主编　孙桂宏

U0264096

中国石化出版社

**图书在版编目（CIP）数据**

电气安装工／王树华主编. —北京：中国石化出版社，
2018.7

（石油化工安装工程技能操作人员技术问答丛书／
吴忠宪主编）

ISBN 978－7－5114－4824－8

Ⅰ.①电⋯ Ⅱ.①王⋯ Ⅲ.①电气设备-设备安装
Ⅳ.①TM05

中国版本图书馆 CIP 数据核字（2018）第 163670 号

**中国石化出版社出版发行**

地址：北京市朝阳区吉市口路 9 号

邮编：100020　电话：(010)59964500

发行部电话：(010)59964526

http://www.sinopec-press.com

E-mail：press@sinopec.com

北京柏力行彩印有限公司印刷

全国各地新华书店经销

＊

880×1230 毫米 32 开本 9 印张 181 千字

2018 年 8 月第 1 版　2018 年 8 月第 1 次印刷

定价：40.00 元

# 序 一

《石油化工安装工程技能操作人员技术问答丛书》（以下简称《丛书》）就要正式出版了，这是继《设计常见问题手册》出版后炼化工程在"三基"工作方面完成的又一项重要工作。

《丛书》图文并茂，采用问答的形式对工程建设过程的工序和技术要求进行了诠释，充分体现了实用性、准确性和先进性的结合，对安装工程技能操作人员学习掌握基础理论、增强安全质量意识、提高操作技能、解决实际问题、全面提高施工安装的水平和工程建设降本增效一定会发挥重要的作用。

我相信，这套《丛书》一定会成为行业培训的优秀教材并运用到工程建设的实践，同时得到广大读者的认可和喜爱。在《丛书》出版之际，谨向《丛书》作者和专家同志们表示衷心的感谢！

中国石油化工集团公司副总经理

中石化炼化工程（集团）股份有限公司董事长

2018 年 5 月 16 日

# 序　二

近年来，随着石油化工行业的高速发展，工程建设的项目管理理念、方法日趋完善；装备机械化、管理信息化程度快速提升；新工艺、新技术、新材料不断得到应用，为工程建设的安全、质量和降本增效提供了保障。基于石油化工安装工程是一个劳动密集型行业，劳动力资源正处在向社会化过渡阶段，工程建设行业面临系统内的员工教培体系弱化，社会培训体系尚未完全建立，急需解决普及、持续提高参与工程建设者的基础知识、基本技能的问题。为此，我们组织编制了《石油化工安装工程技能操作人员技术问答丛书》(以下简称《丛书》)，旨在满足行业内初、中级工系统学习和提高操作技能的需求。

《丛书》包括专业施工操作技能和施工技术质量两个方面的内容，将如何解决施工过程中出现的"低老坏"质量问题作为重点。操作技能方面内容编制组织技师群体参与，技术质量方面内容主要由技术质量人员完成，涵盖最新技术规范规程、标准图集、施工手册的相关要求。

《丛书》从策划到出版，近两年的时间，百余位有着较深理论水平和现场丰富经验的专家做出了极大努力，查阅大量资料，克服各种困难，伏案整理写作，反复修改文稿，终成这套《丛书》，集公司专家最佳工作实践之大成。通过《丛书》的使用提高技能，更好地完成工作，是对他们最好的感谢。

在《丛书》出版之际，我代表编委会向参编的各位专家、向所有为《丛书》提供相关资料和支持的单位和同志们表示衷心的感谢！

中石化炼化工程(集团)股份有限公司副总经理

《丛书》编委会主任

2018 年 5 月 16 日

# 前　言

石油化工生产过程具有"高温高压、易燃易爆、有毒有害"的特点，要实现"安、稳、长、满、优"运行，确保安装工程的施工质量是重要前提。"施工的质量就是用户的安全"应成为石油化工安装工程遵循的基本理念。

"工欲善其事，必先利其器"。要提高石油化工安装工程质量，首先要提高安装工程技能操作人员队伍的素质。当前，面临分包工程比重日益上升的现状，为数众多的初、中级工的培训迫在眉睫，而国内现有出版的石油化工安装工人培训书籍或者侧重于理论知识，或者侧重于技师等较高技能工人群体，尚未见到系统性的、主要针对初、中级工的专业培训书籍。为此，中石化炼化工程（集团）股份有限公司策划和组织专家编写了《石油化工安装工程技能操作人员技术问答丛书》，希望通过本丛书的学习和应用，能推动石油化工安装技能操作人员素质的提升，从而提高施工质量和效率，降低安全风险和成本，造福于海内外石油化工施工企业、石化用户和社会。

丛书遵循与现行国家标准规范协调一致、实用、先进的原则，以施工现场的经验为基础，突出实际操作技能，适当结合理论知识的学习，采用技术问答的形式，将施工现场的"低老坏"质量问题如何解决作为重点内容，同时提出专业施工的HSSE要求，适用于石油化工安装工程技能操作人员，尤其是初、中级工学习使用，也可作为施工技术人员进行技术培训所用。

丛书分为九卷，涵盖了石油化工安装工程管工、金属结构制作工、电焊工、钳工、电气安装工、仪表安装工、起重工、油漆工、保温工等九个主要工种。每个工种的内容根据各自工种特点，均包括以下四个部分：

第一篇，基础知识。包括专业术语、识图、工机具等概念，强调该工种应掌握的基础知识。

第二篇，基本技能。按专业施工工序及作业类型展开，强调该工种实际的工作操作要点。

第三篇，质量控制。尽量采用图文并茂形式，列举该工种常见的质量问题，强调问题的状况描述、成因分析和整改措施。

第四篇，安全知识。强调专业施工安全要求及与该工种相关的通用安全要求。

《石油化工安装工程技能操作人员技术问答丛书》由中石化炼化工程（集团）股份有限公司牵头组织，《管工》和《金属结构制作工》由中石化宁波工程有限公司编写，《电气安装工》由中石化南京工程有限公司编写，《仪表安装工》《保温工》和《油漆工》由中石化第四建设有限公司编写，《钳工》由中石化第五建设有限公司编写，《起重工》和《电焊工》由中石化第十建设有限公司编写，中国石化出版社对本丛书的编辑和出版工作给予了大力支持和指导，在此谨表谢意。

石油化工安装工程涉及面广，技术性强，由于我们水平和经验有限，书中难免存在疏漏和不妥之处，热忱希望广大读者提出宝贵意见。

丛书主编 吴忠亮

2018 年 5 月 16 日

# 《石油化工安装工程技能操作人员技术问答丛书》
# 编 委 会

刘小平　中石化宁波工程有限公司 高级工程师

李永红　中石化宁波工程有限公司副总工程师兼技术部主任 教授级高级工程师

宋纯民　中石化第十建设有限公司技术质量部副部长 高级工程师

肖珍平　中石化宁波工程有限公司副总经理 教授级高级工程师

张永明　中石化第五建设有限公司技术部副主任 高级工程师

张宝杰　中石化第四建设有限公司副总经理 教授级高级工程师

杨新和　中石化第四建设有限公司技术部副主任 高级工程师

赵喜平　中石化第十建设有限公司副总工程师兼技术质量部部长 教授级高级工程师

南亚林　中石化第五建设有限公司总工程师 高级工程师

高宏岩　中石化炼化工程（集团）股份有限公司 高级工程师

董克学　中石化第十建设有限公司副总经理 教授级高级工程师

# 《石油化工安装工程技能操作人员技术问答丛书》

主　　编：吴忠宪　中石化第十建设有限公司党委书记兼副总经理 教授级高级工程师

副　主　编：刘小平　中石化宁波工程有限公司 高级工程师

孙桂宏　中石化南京工程有限公司技术部副主任 高级工程师

杨新和　中石化第四建设有限公司技术部副主任 高级工程师

王永红　中石化第五建设有限公司技术部主任 高级工程师

赵喜平　中石化第十建设有限公司副总工程师兼技术质量部部长 教授级高级工程师

高宏岩　中石化炼化工程（集团）股份有限公司 高级工程师

# 《电气安装工》分册编写组

主　　　编：王树华　中石化南京工程有限公司副总经理 教授级
　　　　　　　　　　高级工程师

执 行 主 编：孙桂宏　中石化南京工程有限公司技术部副主任 高
　　　　　　　　　　级工程师

副 　主 　编：汪国军　中石化南京工程有限公司电仪分公司副经
　　　　　　　　　　理 高级工程师

编　　　委：张权发　中石化南京工程有限公司电仪分公司 高级
　　　　　　　　　　工程师

　　　　　　蔡伟民　中石化南京工程有限公司电仪分公司 工
　　　　　　　　　　程师

　　　　　　张　丽　中石化南京工程有限公司电仪分公司 工
　　　　　　　　　　程师

　　　　　　刘　惠　中石化南京工程有限公司电仪分公司 工
　　　　　　　　　　程师

　　　　　　辛芳珍　中石化南京工程有限公司电仪分公司 工
　　　　　　　　　　程师

　　　　　　李　娟　中石化南京工程有限公司电仪分公司 工
　　　　　　　　　　程师

　　　　　　常　清　中石化南京工程有限公司电仪分公司 工
　　　　　　　　　　程师

# 目　　录

## 第一篇　基础知识

第一章　专业术语 …………………………………………………（3）

1. 什么是保护接地? …………………………………………（3）

2. 什么是工作接地? 其作用是什么? ……………………（3）

3. 什么是保护接零? …………………………………………（3）

4. 什么是重复接地? …………………………………………（4）

5. 什么是接地导体和接地干线? ……………………………（4）

6. 什么是零序保护? …………………………………………（4）

7. 什么是中性点和零点? ……………………………………（4）

8. 什么是大电流接地系统和小电流接地系统? …………（4）

9. 什么是导线的安全载流量? ………………………………（4）

10. 什么是涡流? ………………………………………………（4）

11. 什么是负荷计算? …………………………………………（5）

12. 什么是电缆线路的正序阻抗和零序阻抗? ……………（5）

13. 什么是一次设备和一次回路? …………………………（5）

14. 什么是二次设备和二次回路? …………………………（5）

15. 什么是交流电和正弦交流电? …………………………（5）

16. 什么是内部过电压? ………………………………………（5）

17. 什么是自动重合闸? ………………………………………（6）

18. 什么是变频器? ……………………………………………（6）

19. 什么是相电压、线电压和相电流、线电流? …………（6）

20. 什么是电源的星形、三角形连接方式? ………………（6）

21. 什么是变压器? ……………………………………………（7）

22. 怎样划分电气设备高压和低压? ………………………（7）

23. 什么是不间断电源? ………………………………………（7）

24. 什么是避雷器? ……………………………………………（7）

25. 什么是母线槽? ……………………………………………（7）

26. 什么是小母线？ …………………………………………（ 7 ）

27. 什么是电流互感器？ ……………………………………（ 7 ）

28. 什么是断路器自由脱扣？ ………………………………（ 8 ）

29. 什么是阻波器？ …………………………………………（ 8 ）

30. 什么是串联谐振？ ………………………………………（ 8 ）

31. 什么是电缆导管？ ………………………………………（ 8 ）

第二章　识图 ……………………………………………………（ 9 ）

1. 什么是文字符号和图形符号？ …………………………（ 9 ）

2. 常见线路敷设方式和敷设部位的文字符号有哪些？ …（ 9 ）

3. 电气图纸中的常见图线有哪些？ ………………………（ 10 ）

4. 简要说明图1-2-1所示照明图。 ………………………（ 10 ）

5. 简要说明图1-2-2所示动力图。 ………………………（ 11 ）

6. 简要说明图1-2-3所示配电箱系统图。 ………………（ 12 ）

7. 如何用文字符号标示保护管的型号规格？ ……………（ 12 ）

8. 电缆的型号规格中文字符号各代表哪些含义？ ………（ 12 ）

9. 如何用图形符号在平面图中标示接地装置线路？ ……（ 13 ）

10. 如何用图形符号在平面图中标示导线、电缆线路配线
　　方向？ ……………………………………………………（ 13 ）

11. 如何用图形符号在平面图中标示电缆桥架、电缆隧道
　　或电缆沟？ ………………………………………………（ 14 ）

12. 如何用图形符号在平面图中标示照明开关？ …………（ 14 ）

13. 如何用图形符号在平面图中标示动力照明配电箱？ …（ 14 ）

14. 如何用图形符号在平面图中标示照明灯具？ …………（ 15 ）

15. 如何用图形符号在电路图中标示三相异步电动机？ …（ 15 ）

16. 如何用图形符号在电路图中标示三相变压器？ ………（ 16 ）

17. 如何用图形符号在电路图中标示消弧线圈？ …………（ 16 ）

18. 如何用图形符号在电路图上标示零序电流互感器？ …（ 16 ）

19. 如何用图形符号在电路图中标示开关？ ………………（ 17 ）

20. 如何用图形符号在电路图中标示断路器？ ……………（ 17 ）

21. 如何用图形符号在电路图中标示接触器？ ……………（ 18 ）

22. 如何用图形符号在电路图中标示熔断器？ ……………（ 18 ）

23. 如何用图形符号在电路图中标示接触器触点？ ………（ 18 ）

24. 如何用图形符号在电路图中标示电压、电流、功率表？ ……（ 19 ）

25. 如何用图形符号在电路图中标示原电池或蓄电池组？ …（ 19 ）

26. 如何用图形符号在电路图中标示操作器件电磁线圈？ ………（ 19 ）

27. 如何用图形符号在电路图中标示缓慢释放和

缓慢吸合继电器线圈？……………………………（20）

28. 如何用图形符号在电路图中标示快速继电器线圈？……（20）

29. 如何用图形符号在平面图中标示气体继电器？………（20）

30. 如何用图形符号在平面图中标示电度表？…………（21）

31. 如何用图形符号在平面图中标示避雷器？…………（21）

32. 如何用图形符号在平面图中标示接地？……………（21）

33. 如何用图形符号在平面图中标示避雷针？…………（22）

34. 如何用图形符号在平面图中标示电动阀及防爆电动阀？……（22）

35. 导线一般有哪些表示方法？……………………………（22）

第三章　工机具 ……………………………………………（24）

1. 多台输送机输送电缆的步骤是什么？………………（24）

2. 每台输送机之间的安装间距是多少？………………（24）

3. 怎样选取高压兆欧表的量程范围？…………………（24）

4. 如何使用高压绝缘电阻测试仪？……………………（25）

5. 使用数字式高压绝缘电阻测试仪应注意哪些事项？…（26）

6. 如何使用直流高压发生器？…………………………（26）

7. 如何使用全自动变比测试仪？………………………（28）

8. 使用全自动变比测试仪应注意哪些事项？…………（29）

9. 如何使用回路电阻测试仪？…………………………（29）

10. 使用回路电阻测试仪应注意哪些事项？……………（30）

11. 如何使用感性负载直流电阻测试仪？………………（31）

12. 使用感性负载直流电阻测试仪应注意哪些事项？…（31）

13. 使用全自动互感器综合特性测试仪应注意哪些事项？……（32）

14. 微机继电保护测试仪的开机和关机的步骤有哪些？…（32）

15. 如何使用微机继电保护测试仪？……………………（33）

16. 使用微机继电保护测试仪应注意哪些事项？………（33）

17. 变频串联谐振耐压试验装置由哪些元器件组成？…（34）

18. 变频串联谐振耐压试验装置耐压试验的范围有哪些？……（34）

19. 如何使用交直流高压试验变压器？…………………（35）

20. 使用交直流高压试验变压器应注意哪些事项？……（36）

21. 如何使用抗干扰介质损耗测试仪？…………………（37）

22. 如何使用氧化锌避雷器特性测试仪？………………（38）

23. 使用氧化锌避雷器测试仪应注意哪些事项？………（39）

24. 如何使用大电流发生器？……………………………（40）

25. 使用大电流发生器应注意哪些事项？………………（41）

26. 如何使用钳形电流表？………………………………（41）

27. 使用钳形电流表应注意哪些事项？ ……………………（41）

28. 如何使用接地电阻测试仪？ ……………………………（42）

29. 如何使用继电保护测试仪？ ……………………………（43）

30. 使用继电器校验仪应注意哪些事项？ …………………（44）

31. 如何使用蓄电池放电仪？ ………………………………（44）

# 第二篇 基本技能

第一章 电气安装前的准备 ……………………………………（49）

第一节 技术文件准备 ………………………………………（49）

1. 施工准备阶段技术文件包括哪些内容？ ………………（49）

2. 没有技术交底记录可以进行施工吗？ …………………（49）

第二节 现场准备 ……………………………………………（49）

1. 电气安装施工现场应做好哪些准备工作？ ……………（49）

2. 电气安装前对施工人员有哪些要求？ …………………（50）

第三节 设备开箱检验 ………………………………………（50）

1. 主要设备材料进场验收进行现场抽样检测时有哪些要求？ …（50）

2. 如何进行设备开箱检验？ ………………………………（50）

3. 开箱检验时应注意哪些事项？ …………………………（51）

4. 变压器进场验收主要包括哪些内容？ …………………（51）

5. 绝缘导线、电缆进场验收外观检查应符合哪些要求？ …（51）

6. 母线槽进场验收时进行外观检查应符合哪些要求？ …（52）

第四节 工序交接 ……………………………………………（52）

1. 接地装置安装应先进行哪些工序确认？ ………………（52）

2. 成套配电柜、控制柜和配电箱（盘）安装前应进行哪些工序
的交接确认？ ……………………………………………（52）

3. 母线槽安装应进行哪些工序的交接确认？ ……………（53）

4. 电缆敷设应进行哪些相关工序的交接确认？ …………（53）

5. 电气动力设备试验和试运行应进行哪些
相关工序的交接确认？ …………………………………（53）

第二章 防雷接地装置安装 …………………………………（54）

第一节 一般规定 ……………………………………………（54）

1. 生产装置中有哪些常见的电气装置需要接地或接零？ …（54）

2. 电气装置中有哪些金属部分可不接地？ ………………（54）

3. 直流系统中的接地装置安装有哪些要求？ ……………（55）

4. 发电厂、变电站电气装置哪些部位应采用专门敷设的
接地线？ …………………………………………………（55）

5. 电气设备检维修接地线的安全使用有哪些要求? ············ （56）

第二节　接地装置选择 ·································· （56）

1. 通常所说的自然接地体有哪些? ···················· （56）

2. 保护接地和保护接零有什么相同之处? ·············· （56）

3. 垂直接地体安装常规用什么材料,有什么安装要求? ······ （57）

4. 生产装置中常见的接地装置选用哪些材料? ·········· （57）

5. 与电气设备相连接的保护零线一般有什么要求? ······ （57）

6. 接地装置的人工接地极的规格有哪些要求? ·········· （57）

第三节　接地装置的安装 ······························ （59）

1. 防雷接地装置的人工接地干线埋设有哪些常规工序? ········ （59）

2. 接地网的敷设有哪些要求? ························ （59）

3. 常用的镀锌钢接地材料采用搭接焊时,搭接长度有
哪些要求? ···································· （59）

4. 为降低接地电阻一般可采取什么措施? ·············· （59）

5. 电气设备与接地线的连接采用螺栓连接时有哪些
注意事项? ···································· （60）

6. 电气设备的接地线可以串接吗? ···················· （60）

7. 接地线及断接卡的连接螺栓孔如何设置,可以用气焊
开孔吗? ······································ （60）

8. 接地极（线）为铜与铜或铜与钢的材料连接时,一般用
什么方式连接,连接接头有哪些要求? ·············· （60）

9. 接地断接卡的设置有哪些要求? ···················· （61）

10. 金属电缆桥架有哪些接地要求? ···················· （61）

11. 接地线需要防止机械损伤吗?有哪些措施? ·········· （61）

12. 接地体焊接的防腐有哪些要求? ···················· （61）

13. 接地施工中有哪些常见质量问题? ·················· （62）

14. 用角钢、钢管制作垂直接地极时一般怎样制作? ······ （62）

15. 怎样进行垂直接地极的常规安装? ·················· （62）

16. 接地线与接地体采用压接方式连接时有哪些注意事项? ····· （62）

17. 制作接地预留孔及预埋电气支持件时有哪些注意事项? ··· （62）

18. 为保障安全可靠同时取得良好接地效果,人工接地体设置
有哪些要求? ·································· （63）

19. 防雷接地装置的接地干线埋设经过人行通道时有哪些
要求? ········································ （63）

20. 明敷接地线的色标有哪些要求? ···················· （63）

21. 测量接地电阻常用的计量器具有哪些? ·············· （63）

22. 接地系统的分类有哪些? ……………………………………（63）

23. 在现场装置中哪些不得作为接地线使用? ………………（63）

24. 低压电气设备地面上外露铜接地线应符合哪些要求? ………（64）

25. 发电厂、变电站 GIS 的接地线及其连接应符合哪些
　　要求? ……………………………………………………（64）

26. 移动式发电机系统在哪些情况下可不接地? ……………（65）

27. 电缆的接地线有哪些安装要求? …………………………（65）

28. 采用钢绞线、铜绞线等作接地线引下时，应用什么方式
　　与接地体连接? …………………………………………（65）

29. 接地体施工完后回填工作有哪些要求? …………………（65）

30. 明敷接地线的安装应符合哪些要求? ……………………（65）

31. 电动机的接地有哪些要求? ………………………………（66）

32. 在永冻土地区可采取哪些措施来降低接地电阻? ………（66）

33. 主控楼、屏蔽站等地的接地对屏蔽电缆安装有哪些
　　要求? ……………………………………………………（66）

34. 电缆穿过零序电流互感器时，其接地线的安装有哪些
　　要求? ……………………………………………………（67）

35. 建筑物内电气装置的接地安装有哪些常规要求? ………（67）

第四节　接闪器的接地 ………………………………………（67）

1. 接闪器及其接地装置的施工程序是什么? ………………（67）

2. 装有避雷针和避雷线的构架上的照明灯有哪些特殊
　　接地要求? ………………………………………………（68）

3. 雷雨天气为什么不能靠近避雷器和避雷针? ……………（68）

4. 一、二、三类建筑物接闪网防雷网格各是多少? ………（68）

5. 利用建筑物钢筋混凝土中的结构钢筋作防雷网时，为什么要将
　　电气部分的接地和防雷接地连成一体? …………………（68）

6. 避雷针（线、带、网）的接地安装应符合哪些要求? ……（69）

第五节　爆炸和火灾危险环境的接地 ………………………（69）

1. 爆炸和火灾危险环境下，保护接地装置安装有哪些要求? …（69）

2. 爆炸和火灾危险环境下，防静电接地装置安装有哪些
　　要求? ……………………………………………………（70）

第三章　电缆线路安装 ………………………………………（72）

第一节　一般规定 ……………………………………………（72）

1. 电缆及其附件到达现场后，应检查哪些内容? …………（72）

2. 电缆及其有关材料的贮存有哪些要求? …………………（72）

第二节　电缆（线）管加工及敷设 ·················· （73）
　　1. 生产装置中常见的电缆敷设方式有哪些？ ·········· （73）
　　2. 电缆保护管配制时对管口有哪些要求？ ·········· （73）
　　3. 电缆管加工有哪些要求？ ·················· （73）
　　4. 电缆（线）管明敷设时有哪些要求？ ·········· （73）
　　5. 金属电缆管的连接可以直接对口熔焊吗？如不能，应怎样
　　　　连接？ ··························· （74）
　　6. 镀锌钢管明敷设时常用连接方式以及注意事项是什么？ ····· （74）
　　7. 硬质塑料电缆（线）管一般情况下怎样连接？ ·········· （74）
　　8. 金属导管还需要做接地（PE）或接零（PEN）连接吗？
　　　　如需要应如何连接？ ··················· （74）
　　9. 电缆管埋地深度有哪些要求？ ·················· （74）
　　10. 保护管至用电设备处以及进箱、盒时有哪些安装要求？ ····· （75）
　　11. 安装电缆保护管有哪些要求？ ·················· （75）

第三节　电缆支架配制及安装 ··················· （76）
　　1. 桥架安装时要注意哪些常见质量问题？ ·········· （76）
　　2. 电缆桥架的连接、固定有哪些注意事项？ ·········· （76）
　　3. 电缆桥架、支架的安装有哪些观感质量要求？ ·········· （76）
　　4. 桥架隔板的安装有哪些要求？ ·················· （77）
　　5. 铝合金或不锈钢桥架可以直接固定在钢制支架上吗？ ····· （77）
　　6. 电缆沟开挖前有哪些准备工作？ ·················· （77）
　　7. 电缆沟施工时，要注意哪些常见质量问题？ ·········· （77）
　　8. 电缆支架的加工应符合哪些要求？ ·················· （77）
　　9. 电缆支架的层间允许最小距离是多少？ ·········· （78）
　　10. 户外安装的电缆槽盒进入配电室时有哪些注意事项？ ······· （78）

第四节　电缆敷设 ·························· （78）
　　1. 电缆敷设有哪些常见质量问题？ ·················· （78）
　　2. 电缆敷设时对整理和标识有哪些要求？ ·········· （79）
　　3. 电缆在敷设前有哪些准备工作？ ·················· （79）
　　4. 电缆敷设时电缆盘上电缆引出方向有哪些要求？敷设时
　　　　哪些注意事项？ ····················· （80）
　　5. 一般使用哪些敷设机具敷设电缆？ ·········· （80）
　　6. 机械敷设电缆的常用牵引方式有哪些？ ·········· （80）
　　7. 机械牵引电缆时需加装什么装置？ ·········· （80）
　　8. 机械方式敷设电缆时为什么要控制速度？ ·········· （80）
　　9. 采用机械敷设电缆时需要怎样控制速度？ ·········· （81）

10. 电缆保护管穿线时作业人员有哪些注意事项？ ……………（81）

11. 电缆进入电缆沟、竖井、建筑物、盘柜及穿入管子时，
   需要做什么处理？ ……………………………………………（81）

12. 如遇热力管道或设备电缆应如何敷设？ …………………（81）

13. 交流单芯电缆穿管敷设时有哪些特殊要求？ ……………（81）

14. 直埋电缆埋设深度有哪些要求？ …………………………（81）

15. 直埋电缆敷设后、回填前有哪些保护措施？ ……………（82）

16. 不同电压等级的电缆在电缆沟支架上敷设时有哪些
   要求？ ……………………………………………………………（82）

17. 电缆穿入配电柜、控制屏柜时的固定有哪些要求？ ……（82）

18. 直埋电缆宜在哪些位置设置标识？ ………………………（82）

19. 电缆挂牌有哪些要求？ ……………………………………（82）

20. 电缆支持点间的距离有哪些要求？ ………………………（83）

21. 施工中常见的控制电缆和塑料绝缘电缆敷设时最小弯曲
   半径是多少？ ……………………………………………………（83）

22. 电缆在切断后应做哪些保护措施？ ………………………（83）

23. 电缆敷设时允许作业的最低温度是多少？ ………………（84）

24. 电缆的固定应符合哪些要求？ ……………………………（84）

25. 电缆之间，电缆与其他管道、道路、建筑物等之间平行和
   交叉时的最小净距是多少？ …………………………………（84）

26. 电缆在支架上敷设时有哪些要求？ ………………………（85）

27. 架空电缆与公路、铁路、架空线路交叉跨越时最小允许
   距离是多少？ ……………………………………………………（86）

第五节 电缆终端和接头制作 ………………………………………（86）

1. 在室外制作中、高压电缆终端与接头时，对环境和温度
   有哪些要求？ ……………………………………………………（86）

2. 中、高压交联聚乙烯电缆热缩头制作时需用的主要工具、
   材料有哪些？ ……………………………………………………（87）

3. 制作中、高压交联聚乙烯电缆热缩终端头主要工序是
   什么？ ……………………………………………………………（87）

4. 制作热塑电缆终端、中间头时常见的制作缺陷有哪些？ ……（87）

5. 制作电缆头剥除绝缘层时，怎样防止损伤芯线？ ………（88）

6. 加热收缩电缆热塑管件时应如何操作？ …………………（88）

7. 电力电缆接地线的选用有哪些要求？ ……………………（88）

8. 电缆芯线与接线端子的压接有哪些技术要求？ …………（88）

9. 电力电缆接头的布置应符合哪些要求？ …………………（88）

　　第六节　电缆的防火和阻燃 ……………………………………（89）

　　　1. 电缆施工有哪些防火、阻燃措施？ …………………………（89）

　　第七节　爆炸危险环境内电缆线路安装 …………………………（89）

　　　1. 在爆炸危险环境中电缆或导线的终端连接有哪些要求？ ……（89）

　　　2. 在爆炸危险环境中电缆线路安装常见的质量问题有哪些？ …（90）

　　　3. 防爆电气设备的进线口，引入电缆、导线后有哪些

　　　　密封要求？ ……………………………………………………（90）

　　　4. 电缆线路穿过不同危险区域时应采取哪些隔离措施？ ………（91）

　　第八节　光缆敷设 …………………………………………………（91）

　　　1. 光缆安装时允许的最小弯曲半径是多少？ …………………（91）

　　　2. 光纤连接时一般使用哪些机具？ ……………………………（91）

　　　3. 光缆敷设时有哪些注意事项？ ………………………………（91）

　　　4. 光缆熔接有哪些注意事项？ …………………………………（92）

　　　5. 光缆接续施工完成后需做哪些测试？ ………………………（92）

第四章　电气照明安装 ……………………………………………（93）

　　第一节　灯具安装、接线 …………………………………………（93）

　　　1. 变配电所内安装灯具时有哪些注意事项？ …………………（93）

　　　2. 露天安装的灯具有哪些特殊要求？ …………………………（93）

　　　3. 照明灯具的安装高度有哪些要求？ …………………………（93）

　　　4. 防爆区域照明器具安装有哪些技术要求？ …………………（93）

　　　5. 悬吊式灯具安装有哪些要求？ ………………………………（94）

　　　6. 嵌入式灯具安装有哪些要求？ ………………………………（94）

　　　7. 庭院灯、建筑物附属路灯、广场高杆灯安装有哪些要求？ …（94）

　　　8. 高压汞灯、高压钠灯、金属卤化物灯安装有哪些要求？ ……（95）

　　　9. 在线槽或封闭插接式照明母线下方安装灯具时有哪些

　　　　要求？ …………………………………………………………（95）

　　　10. 应急照明灯具安装有哪些要求？ ……………………………（95）

　　　11. 航空障碍标志灯安装有哪些要求？ …………………………（95）

　　　12. 照明系统中，管穿导线应遵循什么原则？ …………………（96）

　　　13. 灯具的线芯截面应怎样选择？ ………………………………（96）

　　　14. 照明接线一般采用什么连接方式？可以在保护管内进行

　　　　连接吗？ ……………………………………………………（96）

　　　15. 灯具的灯头及接线应符合哪些规定？ ………………………（96）

　　　16. 照明接线完成后，送电前还需要进行什么工作？ …………（96）

　　　17. 因安装原因造成照明电路短路的常见因素有哪些？ ………（97）

　　　18. 查找照明电路中的短路故障点有哪些常用方法？ …………（97）

第二节　插座、开关安装 ……………………………………（ 97 ）

 1. 插座接线有哪些要求？ ……………………………………（ 97 ）

 2. 开关、插座的接线端子处相线、零线、保护地线可以
  采用串接方式吗？为什么？ ………………………………（ 97 ）

 3. 如无特殊要求，一般开关安装位置怎样确定？ …………（ 98 ）

 4. 如无特殊要求，一般插座的安装位置怎样确定？ ………（ 98 ）

第三节　照明配电箱、盒安装 ………………………………（ 98 ）

 1. 照明保护管进入落地式配电箱时应怎样布设？ …………（ 98 ）

 2. 照明配电箱内零线和保护地线可以直接连接吗？ ………（ 98 ）

 3. 暗埋照明箱、盒的安装有哪些要求？ ……………………（ 98 ）

 4. 照明安装中涉及观感质量的常见问题有哪些？ …………（ 99 ）

第五章　电力变压器 …………………………………………（100）

 1. 常用的变压器有哪些种类？ ………………………………（100）

 2. 以 S9 - 1000/10 为例说明电力变压器型号的标示意义？ …（100）

 3. 安装变压器需要的主要施工机械设备有哪些？ …………（101）

 4. 变压器到达现场需要做哪些外观检查？ …………………（101）

 5. 变压器到达现场后，怎样保管？ …………………………（101）

 6. 变压器基础安装有哪些注意事项？ ………………………（102）

 7. 变压器就位前如何进行基础验收？ ………………………（102）

 8. 变压器安装对安装场地有哪些要求？ ……………………（102）

 9. 变压器吊装点在什么部位？ ………………………………（102）

 10. 用千斤顶协助安装变压器时，放置位置有哪些注意
   事项？ ……………………………………………………（103）

 11. 室内变压器卸车后，一般采用什么方式就位？ …………（103）

 12. 变压器怎样就位与固定？ …………………………………（103）

 13. 变压器就位固定后一般要进行哪些部位的接地？ ………（104）

 14. 变压器安装本体位置检查有哪些项目？ …………………（104）

 15. 变压器安装接地检查有哪些项目？ ………………………（104）

 16. 变压器有哪些主要部件？ …………………………………（104）

 17. 油浸式变压器包括哪些附件安装？ ………………………（105）

 18. 变压器套管的作用是什么？有哪些要求？ ………………（105）

 19. 变压器的油箱和冷却装置有什么作用？ …………………（105）

 20. 变压器油的作用是什么？ …………………………………（105）

 21. 怎样清洗变压器油箱及附件？ ……………………………（105）

 22. 在低温度的环境中，变压器油牌号使用不当会产生什么
   后果？ ……………………………………………………（106）

23. 变压器安装进行滤油、注油工作时需要准备好哪些设备
和工机具? ……………………………………………（106）

24. 变压器注油时有哪些注意事项? …………………………（106）

25. 变压器注油时对油枕有哪些要求? ………………………（107）

26. 对变压器注入油有哪些要求? ……………………………（107）

27. 变压器油为什么要进行过滤? ……………………………（107）

28. 变压器油箱带油焊漏时怎样防止火灾? …………………（107）

29. 目前常用的油箱检漏方法主要有哪些? …………………（107）

30. 油枕（储油柜）的作用是什么? …………………………（108）

31. 变压器油枕与防爆管之间为什么要用小管连接? ………（108）

32. 呼吸器怎样安装? …………………………………………（108）

33. 变压器有哪几种经常使用的干燥方法及加热方法? ……（108）

34. 大型变压器运输时为什么要充氮气,
对充氮的变压器有哪些注意事项? ………………………（109）

35. 气体继电器的作用是什么? ………………………………（109）

36. 气体继电器应怎样安装? …………………………………（109）

37. 变压器温度计应怎样安装? ………………………………（109）

38. 变压器调压装置的作用是什么? …………………………（110）

39. 变压器分接开关触头接触不良或有油垢时
有什么后果? ………………………………………………（110）

40. 变压器安装时,给全电气装置供电的干线回路中
PEN 线有哪些要求? ………………………………………（110）

41. 变压器的中性点怎样施工? ………………………………（110）

42. 变压器的连线有哪些要求? ………………………………（111）

43. 变压器怎样接线? …………………………………………（111）

44. 变压器的高压侧一般采用什么进线
方式和接线方式? …………………………………………（111）

45. 变压器低压端一般采用什么接线方式? …………………（112）

46. 在什么情况下应对变压器进行"吊芯"检查? …………（112）

47. 在什么情况下应对变压器进行器身检查? ………………（112）

48. 进行变压器器身检查的人员有哪些要求? ………………（112）

49. 变压器吊芯检查对外部环境有哪些要求? ………………（113）

50. 变压器安装过程中对吊芯时间有哪些要求? ……………（113）

51. 为确保变压器安装的法兰不渗漏油,对法兰和密封垫
有哪些要求? ………………………………………………（113）

52. 变压器密封法兰螺栓紧固时有哪些注意事项? …………（113）

53. 变压器常规大修有哪些验收内容？ ·············· （113）

54. 变压器在空载合闸时会出现什么现象？对变压器
的工作有哪些影响？ ····················· （114）

55. 变压器空载运行异常时有哪些常见的声音体现？ ······· （114）

第六章 电气设备 ····························· （115）

第一节 断路器、GIS 设备安装 ················ （115）

1. 断路器安装需要哪些工器具？ ··············· （115）

2. 断路器安装需要哪些材料？ ················· （115）

3. 六氟化硫断路器的特点是什么？ ············· （115）

4. 六氟化硫断路器组装有哪些具体要求？ ········· （115）

5. 真空断路器到现场后的检查应符合哪些要求？ ····· （116）

6. 真空断路器的安装有哪些要求？ ············· （116）

7. 真空断路器安装后的调整工作有哪些要求？ ······ （117）

8. 真空断路器导电部分的安装有哪些要求？ ········ （117）

9. 断路器操动机构的安装应符合哪些要求？ ········ （117）

10. GIS 设备安装有哪些主要注意事项？ ·········· （118）

第二节 隔离开关、负荷开关及高压熔断器安装 ······ （119）

1. 高压隔离开关安装有哪些要求？ ············· （119）

2. 高压隔离开关、负荷开关的导电部分安装时怎样用
塞尺检查？ ························· （119）

3. 负荷开关安装有哪些要求？ ················· （120）

4. 负荷开关安装后需进行调整，一般重点调整哪些
部位？ ····························· （120）

5. 负荷开关分合闸时，主、辅刀闸的开合有哪些顺序
要求？ ····························· （120）

6. 高压熔断器安装有哪些要求？ ··············· （120）

7. 跌落式熔断器熔体熔断后不能迅速跌落的常见原因
有哪些？ ··························· （121）

第三节 避雷器安装 ······················· （121）

1. 避雷器安装前应进行哪些项目的检查？ ········· （121）

2. 避雷器安装有哪些要求？ ················· （121）

3. 避雷器各连接处安装时应怎样处理？ ··········· （122）

4. 避雷器的放电记数器怎样安装？ ············· （122）

第四节 电容器、变流设备安装 ··············· （122）

1. 电容器安装需要哪些工具？ ················· （122）

2. 电容器在安装前应进行哪些检查？ ············· （122）

3. 成组安装的电容器，构架和支架有哪些安装要求？ ········ (122)

4. 变流设备安装需要注意哪些事项？ ···················· (122)

第五节 互感器安装 ···································· (123)

1. 为什么电压互感器和电流互感器的二次侧必须
接地？ ·········································· (123)

2. 电流互感器和电压互感器安装时，其次级线圈的连接有
哪些不同要求？ ·································· (123)

3. 互感器安装时有哪些注意事项？ ···················· (123)

4. 零序电流互感器安装有哪些特别注意事项？ ·········· (123)

第六节 电气盘、柜、箱安装 ···························· (124)

1. 电气盘柜的基础型钢一般怎样选料？ ················ (124)

2. 基础型钢怎样除锈防腐？ ·························· (124)

3. 基础型钢怎样下料？ ······························ (124)

4. 基础型钢的焊接有哪些要求？ ······················ (124)

5. 基础型钢安装的允许偏差是什么？ ·················· (124)

6. 基础型钢的接地怎样安装？ ························ (125)

7. 高、低压盘柜涉及二次搬运时有哪些注意事项？ ········ (125)

8. 安装盘柜怎样立盘、稳盘？ ························ (125)

9. 控制及保护屏（台）与基础型钢怎样连接？ ·········· (126)

10. 配电盘柜怎样就位、找正、固定？ ················ (126)

11. 盘柜安装的允许偏差是什么？ ···················· (126)

12. 盘柜怎样进行接地安装？ ························ (127)

13. 盘、柜内二次回路接地有哪些要求？ ·············· (127)

14. 盘、屏、柜内元器件检查验收应符合哪些要求？ ······ (127)

15. 小车式高压开关柜的三种位置指的是什么？ ·········· (127)

16. 高压开关柜的"五防功能"是什么？ ················ (128)

17. 在检修或试运工作中，电气安装工作需要挂、拆接地线，
进行操作时有哪些注意事项？ ···················· (128)

第七节 不间断电源、蓄电池安装 ························ (128)

1. 不间断电源装置配线有哪些要求？ ·················· (128)

2. 蓄电池是怎样分类的？ ···························· (129)

3. 蓄电池安装前要进行哪些外观检查？ ················ (129)

4. 蓄电池组的安装有哪些要求？ ······················ (129)

5. 蓄电池组台架安装有哪些要求？ ···················· (129)

6. 电池连接有哪些要求？ ···························· (130)

7. 蓄电池组的绝缘有哪些要求？ ······················ (130)

8. 蓄电池安装完成后，进行充放电有哪些注意事项？ ………… （130）
　第八节　电动机电气安装 ……………………………………… （130）
1. 怎样改变三相电动机的旋转方向？ ………………………… （130）
2. 安装电机在什么情况下需要做抽转子检查？ …………… （130）
3. 电动机绝缘电阻值是怎样规定的？ ……………………… （131）
4. 电动机运行中发生哪些情况应立即停止运行？ ………… （131）
5. 电动机发生过载的常见原因有哪些？ …………………… （131）

第七章　母线安装 ……………………………………………… （133）
1. 母线的作用是什么？ ……………………………………… （133）
2. 母线主要由哪几部分组成？ ……………………………… （133）
3. 通常所说母线包括哪几种类型？其适用范围有哪些？ … （133）
4. 母线施工需要哪些常规工具及材料？ …………………… （133）
5. 母线安装常见的质量通病有哪些？ ……………………… （134）
6. 母线安装对外形有哪些要求？ …………………………… （134）
7. 硬母线矫直一般使用哪些方法？ ………………………… （134）
8. 母线弯制时应遵照哪些规定？ …………………………… （134）
9. 母线装置安装使用的紧固件材质有哪些要求？ ………… （134）
10. 母线的安装固定有哪些注意事项？ ……………………… （134）
11. 对于三相交流母线的相色有哪些要求？ ………………… （135）
12. 母线涂刷相色漆时应注意避开哪些部位？ ……………… （135）
13. 对于母线相序有哪些要求？ ……………………………… （135）
14. 母线与母线或母线与设备接线端子的连接有哪些要求？ … （135）
15. 母线紧固螺栓的紧固力矩值有哪些要求？ ……………… （136）
16. 母线与母线或者母线与接线端子搭接时，不同材质的
　　搭接面处理有哪些要求？ ……………………………… （136）
17. 矩形母线采用螺栓固定搭接时，对搭接截面或螺孔、螺栓
　　直径是否有要求？为什么？ …………………………… （137）
18. 软母线安装有哪些要求？ ………………………………… （138）
19. 管形母线焊接有哪些要求？ ……………………………… （138）
20. 金属封闭母线的外壳及其支持金属结构的接地有哪些具体
　　要求？ …………………………………………………… （139）
21. 金属封闭母线穿墙安装时有哪些注意事项？ …………… （139）
22. 小母线安装质量有哪些要求？ …………………………… （139）
23. 母线安装完后应进行哪些项目的检查？ ………………… （139）
24. 母线的绝缘电阻值有哪些要求？ ………………………… （140）

第八章 低压电器安装 ……………………………………… (141)
  第一节 一般规定 ……………………………………… (141)
    1. 低压电器有哪些种类? …………………………… (141)
    2. 低压电器的电压是什么范围? …………………… (141)
    3. 低压电器测量绝缘电阻时,怎样选用兆欧表? … (141)
    4. 低压电器的绝缘电阻应满足什么要求? ………… (142)
    5. 低压电器设备和器材到达现场后进行的检查验收应符合
      哪些要求? ………………………………………… (142)
    6. 低压电器安装前,建筑工程应具备哪些条件? … (142)
    7. 低压电器安装完成后至投入运行前建筑工程应符合哪些
      要求? ……………………………………………… (142)
    8. 低压电器安装前应检查哪些项目? ……………… (142)
    9. 低压电器的安装有哪些要求? …………………… (143)
    10. 低压电器的固定方式有哪些? …………………… (143)
    11. 低压电器的外部接线应达到哪些要求? ………… (143)
    12. 室外安装的非防护型低压电器应用哪些措施防护? … (144)
  第二节 低压断路器安装 …………………………… (145)
    1. 低压断路器的作用是什么? ……………………… (145)
    2. 低压断路器安装前需做哪些检查? ……………… (145)
    3. 低压断路器安装有哪些要求? …………………… (145)
    4. 低压断路器的接线有哪些要求? ………………… (145)
    5. 低压断路器安装完后应做哪些检查? …………… (145)
    6. 直流快速断路器安装有哪些注意事项? ………… (146)
    7. 直流快速断路器的接线有哪些要求? …………… (146)
    8. 安装完成后的直流快速断路器应符合哪些要求? … (146)
  第三节 低压隔离开关、负荷开关 ………………… (147)
    1. 隔离开关与刀开关安装时有哪些要求? ………… (147)
    2. 直流母线隔离开关安装时有哪些要求? ………… (147)
  第四节 保护器的安装 ……………………………… (148)
    1. 剩余电流保护器安装时有哪些要求? …………… (148)
    2. 电涌保护器安装前应做哪些检查? ……………… (148)
    3. 电涌保护器安装时有哪些注意事项? …………… (148)
  第五节 接触器及起动器的安装 …………………… (149)
    1. 交流接触器有哪些部分组成? …………………… (149)
    2. 交流接触器的用途有哪些? ……………………… (149)
    3. 低压接触器及电动机启动器安装前需做哪些检查? … (150)

    4. 低压接触器及电动机启动器安装后需做哪些检查？ ········· (150)

    5. 真空接触器安装前应做哪些检查？ ·········· (150)

    6. 自耦减压启动器安装时有哪些要求？ ········· (150)

    7. 软启动器安装时有哪些要求？ ············ (151)

    8. 变频器安装时有哪些要求？ ············· (151)

  第六节　控制器的安装 ················ (151)

    1. 控制器的用途是什么？ ·············· (151)

    2. 控制器安装时有哪些注意事项？ ·········· (152)

    3. 继电器的用途是什么？ ·············· (152)

    4. 继电器安装前应做哪些检查？ ············ (152)

    5. 主令电器的用途是什么？ ············· (152)

    6. 按钮的安装有哪些注意事项？ ············ (152)

    7. 行程开关的安装有哪些注意事项？ ········· (153)

  第七节　熔断器安装 ················· (153)

    1. 熔断器的种类有哪些？ ·············· (153)

    2. 熔断器的用途是什么？ ·············· (153)

    3. 低压熔断器安装时有哪些要求？ ·········· (154)

    4. 更换熔断器时有哪些注意事项？ ·········· (154)

  第八节　电阻器的安装 ················ (155)

    1. 电阻器安装时有哪些注意事项？ ·········· (155)

    2. 电阻器接线时有哪些注意事项？ ·········· (155)

    3. 变阻器安装时有哪些要求？ ············ (156)

    4. 电磁铁安装时有哪些要求？ ············ (156)

第九章　电气试验 ··················· (157)

    1. 交流电动机转向的试验方法及注意事项是什么？ ······· (157)

    2. 交流电动机试验要注意哪些事项？ ········· (157)

    3. 交流电机交流耐压前要做哪些准备工作？ ······· (158)

    4. 电力变压器的绝缘电阻和吸收比的试验方法及注意事项

      是什么？ ·················· (158)

    5. 电流互感器极性的试验方法是什么？ ········ (159)

    6. 互感器试验中测量绕组的绝缘电阻应符合哪些要求？ ···· (159)

    7. 互感器交流耐压试验应符合哪些规定？ ······· (160)

    8. 电磁式互感器感应耐压试验应符合哪些规定？ ····· (160)

    9. 电力电缆线路试验应符合哪些规定？ ········ (161)

    10. 电力电缆直流耐压及泄漏电流试验的注意事项是什么？ ··· (161)

    11. 如何进行电容器的绝缘电阻试验？ ········ (162)

12. 金属氧化物避雷器工频放电电压试验应符合什么规定？ …… (163)

13. 真空断路器试验中测量每相导电回路的电阻的标准是
    什么，怎样连接线路？ ………………………………………… (163)

14. 测量断路器合闸时触头的弹跳时间应符合什么规定？ ……… (163)

15. 测量二次回路绝缘电阻应符合哪些规定？ …………………… (164)

16. 二次回路交流耐压试验应符合哪些规定？ …………………… (164)

17. 电压互感器二次绕组为什么不能短路？ ……………………… (164)

18. 动力配电装置的交流耐压试验应符合哪些规定？ …………… (164)

19. 高压电缆耐压测试需要进行哪些试验？哪些设备将
    被使用？ …………………………………………………………… (164)

20. 高压断路器试验都有哪些内容及注意事项？ ………………… (165)

21. PT 柜退出应遵循什么原则？ ………………………………… (165)

22. 快切装置的串联和并联的区别是什么？ ……………………… (165)

23. 电动机空载试运转的质量标准是什么？ ……………………… (165)

24. 一台低压电机跳闸后，如何进行故障处理？ ………………… (166)

25. 检修设备停电，时对已拉开的断路器和隔离开关应采取
    哪些措施？ ……………………………………………………… (166)

# 第三篇　质量控制

**第一章　接地安装** ……………………………………………… (169)

1. 图 3-1-1 中从地面引出的接地线安装是否符合规范要求？
   正确做法和规范要求是什么？ ………………………………… (169)

2. 图 3-1-2 中存在哪些安装质量问题，正确做法是什么？ …… (170)

3. 图 3-1-3 中接地线安装存在什么问题？正确做法和规范
   要求是什么？ …………………………………………………… (171)

4. 图 3-1-4 中铝合金桥架接地存在什么问题？正确做法和
   规范要求是什么？ ……………………………………………… (172)

5. 图 3-1-5 中的桥架接地跨接存在什么问题？正确做法和
   规范要求是什么？ ……………………………………………… (172)

6. 图 3-1-6 中的照明箱安装是否需要接地？规范是怎么
   要求的？ ………………………………………………………… (173)

7. 图 3-1-7 中接地断接卡安装时除满足搭接面要求外，紧固螺栓的
   设置有要求吗？图中接地断接卡扁钢型号为 $25mm \times 4mm$，
   螺栓的设置是否符合要求？ …………………………………… (174)

8. 图 3-1-8 中安装的封闭母线存在什么问题？正确做法和
   规范要求是什么？ ……………………………………………… (175)

9. 图 3-1-9 中的照明镀锌保护管是否需要安装接地跨接线？
    规范是怎么要求的？ ………………………………………（175）

10. 图 3-1-10 中的扁钢搭接是否符合要求？规范是怎么
    要求的？ …………………………………………………（176）

11. 图 3-1-11 中明敷的接地线存在什么问题？规范是怎么
    要求的？ …………………………………………………（177）

12. 图 3-1-12 中接地断接卡的安装存在什么问题？规范是怎么
    要求的？ …………………………………………………（177）

13. 图 3-1-13 中保护管与桥架之间采用了断开式安装，
    是否需要安装接地跨接线？如需要正确的做法是什么？ ……（178）

14. 图 3-1-14 中的接地断接卡连接存在哪些问题？
    规范是怎么要求的？ ……………………………………（179）

**第二章　保护管安装** ………………………………………（180）

1. 图 3-2-1 中的金属电缆管直接对焊是否符合规范要求？
    规范是怎么要求的？ ……………………………………（180）

2. 图 3-2-2 中安装的镀锌钢钢管存在什么质量问题？
    正确的做法是什么？ ……………………………………（181）

3. 图 3-2-3 中的电缆保护管支架设置是否符合要求？
    规范是怎么要求的？ ……………………………………（181）

4. 图 3-2-4 中电缆保护管安装存在哪些问题？规范是怎么
    要求的？ …………………………………………………（182）

5. 图 3-2-5 中保护管的安装存在什么问题？规范是怎么
    要求的？ …………………………………………………（183）

6. 图 3-2-6 中照明保护管配管安装存在什么问题？规范是
    怎么要求的？ ……………………………………………（183）

7. 图 3-2-7 中灯具配管存在什么问题？规范是怎么
    要求的？ …………………………………………………（184）

8. 图 3-2-8 中保护管预埋安装存在什么问题？规范是怎么
    要求的？ …………………………………………………（185）

9. 请根据图 3-2-9 中指出的问题分析其产生的原因以及
    防治措施，标准规范是怎么要求的？ …………………（185）

**第三章　桥架安装** …………………………………………（188）

1. 图 3-3-1 (a)、(b) 中的电缆桥架安装存在什么问题，
    规范是怎么要求的？ ……………………………………（188）

2. 图 3-3-2 中的电缆保护管是否可以从图中桥架连接板处
    引出，规范是怎么要求的？ ……………………………（189）

3. 图 3-3-3 中的电缆桥架是否需要增加支架，规范是怎么
要求的？ ……………………………………………………（189）

4. 图 3-3-4 中铝合金槽盒安装有什么问题，正确做法和规范
要求是什么？ ……………………………………………（190）

5. 图 3-3-5 中的电缆桥架安装存在什么问题，正确做法和
规范要求是什么？ ………………………………………（190）

**第四章 电缆敷设** ……………………………………………（192）

1. 图 3-4-1 (a)、(b) 中电缆盘上的电缆存在什么
问题？ ……………………………………………………（192）

2. 图 3-4-2 中的电缆敷设存在什么问题，规范是怎么
要求的？ …………………………………………………（193）

3. 图 3-4-3 中穿管的动力电缆存在什么问题，规范是怎么
要求的？ …………………………………………………（193）

4. 图 3-4-4 中电缆进入灯具的方式存在
什么问题，正确做法是什么？ …………………………（194）

5. 图 3-4-5 为一台高压电机的电缆，对于电缆的预留
是否正确，规范是怎么要求的？ ………………………（195）

6. 图 3-4-6 中的电缆夹层电缆固定存在什么问题，
正确做法和规范要求是什么？ …………………………（195）

7. 图 3-4-7 中变电所夹层中的上盘电缆应如何固定？ ………（196）

8. 图 3-4-8 中进入电机的动力电缆存在什么问题，正确
做法和规范要求是什么？ ………………………………（197）

9. 图 3-4-9 中桥架电缆敷设存在什么问题，正确做法是
什么？ ……………………………………………………（198）

10. 图 3-4-10 中电缆敷设存在什么问题，正确做法是
什么？ …………………………………………………（198）

11. 图 3-4-11 中的电缆在敷设完毕后，对于电缆头的处理
方式是否正确，正确做法是什么？ ……………………（199）

12. 图 3-4-12 中敷设完的电缆，是否符合规范要求，规范是
怎么要求的？ …………………………………………（200）

13. 图 3-4-13 中的 380V 电源电缆和仪表信号电缆从一个接线箱
孔洞穿入，是否符合要求，正确做法是什么？ ………（201）

**第五章 电缆接线** ……………………………………………（202）

1. 图 3-5-1 中的照明接线盒内的接线存在什么问题，正确
做法是什么？ …………………………………………（202）

2. 图 3-5-2 中已完成接线的电缆盘柜，存在哪些问题，正确

　　　做法是什么? ································· (203)

　　3. 图 3-5-3 中的高压电缆冷缩终端存在什么问题,正确做法
　　　是什么? ································· (203)

　　4. 图 3-5-4 中的接地线接线方式是否正确,正确
　　　做法是什么? ····························· (204)

　　5. 图 3-5-5 中盘柜内接线是否符合要求,正确做法
　　　是什么? ································· (205)

　　6. 图 3-5-6 中电机进线存在什么问题,正确做法
　　　是什么? ································· (205)

第六章　防爆和密封 ······························· (207)

　　1. 图 3-6-1 中电缆进线处存在什么问题,规范是怎么
　　　要求的? ································· (207)

　　2. 图 3-6-2 中安装在变电所内的盘柜开孔是否需封堵,
　　　规范是怎么要求的? ······················ (208)

　　3. 图 3-6-3 中的保护管是否需要封堵,规范是怎么
　　　要求的? ································· (208)

　　4. 图 3-6-4 中电缆从配电间孔洞直接穿出是否符合
　　　规范要求,规范是怎么要求的? ··············· (209)

　　5. 图 3-6-5 中安装的配电箱存在什么问题,规范是怎么
　　　要求的? ································· (210)

　　6. 图 3-6-6 中的路灯接线盒安装存在什么问题,规范是
　　　怎么要求的? ····························· (210)

　　7. 图 3-6-7 中电气桥架进入变电所是否符合规范要求,
　　　正确的做法是什么? ······················ (211)

　　8. 图 3-6-8 中的照明接线端盖与壳体之间紧固件
　　　未旋紧违反了规范中哪项条款的要求? ········· (212)

　　9. 图 3-6-9 中的电缆直接进入电机接线盒是否正确?
　　　正确做法是什么? ························· (212)

　　10. 请找出图 3-6-10 中存在的施工质量问题,并分别
　　　　说明原因。 ····························· (213)

　　11. 图 3-6-11 中两根电缆引入同一个设备进口,是否允许,
　　　　正确的做法是什么? ····················· (214)

　　12. 图 3-6-12 中电机的进线存在什么问题,会产生什么
　　　　后果? 正确方式和规范要求是什么? ········· (215)

第七章　电气支架安装 ····························· (216)

　　1. 图 3-7-1 中的支架焊接存在什么问题,规范是怎么

要求的？ ································································ (216)

2. 图 3-7-2 中电气保护管固定支架采用气焊开孔是否允许，
正确的做法是什么？ ········································ (216)

3. 图 3-7-3 中镀锌支架焊接存在什么问题，规范是怎么
要求的？ ································································ (217)

4. 图 3-7-4 中的照明接线盒被埋入防火层中，应采取什么
措施避免这种现象的发生？ ······························ (218)

第八章 电气设备安装 ·················································· (219)

1. 电气盘柜安装间隙要求是多少，图 3-8-1 中的安装间隙
是否符合规范要求？ ········································ (219)

2. 图 3-8-2 中的配电箱安装位置是否合适，应如何避免？ ··· (220)

3. 图 3-8-3 中的应急灯具安装存在什么问题，规范是如何
要求的？ ································································ (220)

4. 图 3-8-4 中照明箱安装存在什么问题，规范是如何
要求的？ ································································ (220)

5. 图 3-8-5 中的盘柜基础槽钢安装存在什么问题，
规范是如何要求的？ ········································ (222)

6. 图 3-8-6 中盘柜安装有什么问题，正确做法是什么？ ··· (222)

7. 图 3-8-7 （a）、（b）盘柜内设备损坏由什么原因造成，
正确做法是什么？ ············································ (223)

8. 图 3-8-8 中的油浸式变压器散热片局部图存在什么问题，
规范是如何要求的？ ········································ (224)

9. 图 3-8-9 中电缆进电机存在什么问题，正确做法
是什么？ ································································ (224)

10. 图 3-8-10 中安装的操作柱存在什么问题，正确的做法
是什么？ ································································ (225)

# 第四篇 安全知识

第一章 专业安全 ························································ (229)

1. 在电气设备上工作，保证安全的组织和技术措施有哪些？ ··· (229)

2. 化工行业静电的危害可分为几类？ ····················· (229)

3. 常见的电气事故共有哪五类？ ···························· (229)

4. 电工有哪些职业禁忌症？ ·································· (229)

5. 电气配管、桥架安装、设备安装时安全注意事项有哪些？ ··· (230)

6. 电力电缆敷设作业的安全注意事项有哪些？ ············ (231)

7. 使用电缆敷设机、牵引机安全注意事项有哪些？ ········ (232)

8. 安装盘柜时有哪些安全注意事项？ ………………………… （232）

9. 安装变压器时有哪些安全注意事项？ ……………………… （233）

10. 电气调试安全注意事项有哪些？ …………………………… （234）

11. 停送电作业安全措施有哪些？ ……………………………… （235）

12. 验电时应符合哪些规定？ …………………………………… （235）

13. 设备放电时有哪些注意事项？ ……………………………… （236）

14. 线路恢复供电有哪些注意事项？ …………………………… （236）

15. 电气设备（高压开关柜）五种防误功能，（电气"五防"）
是指什么？ …………………………………………………… （236）

16. 装拆接地线顺序有何要求？ ………………………………… （237）

17. 电气工作许可人在完成现场的安全措施后，还应做
哪些工作？ …………………………………………………… （237）

18. 怎样办理电气工作结束手续？ ……………………………… （237）

19. 消除静电危害的措施有哪些？ ……………………………… （237）

20. 什么是安全电压？ …………………………………………… （237）

21. 安全电压和人体的安全电流有什么关系？ ………………… （238）

22. 电对人体的伤害有哪几种？ ………………………………… （238）

23. 电流对人体伤害的严重程度与什么有关？ ………………… （238）

24. 电击是如何使人受伤的？ …………………………………… （238）

25. 为什么带电体和地面、设备、带电体之间应保持必要的
距离？ ………………………………………………………… （238）

26. 发现有人触电应如何处理？ ………………………………… （239）

27. 触电急救的方法是什么？ …………………………………… （239）

28. 如何脱离跨步电压区？ ……………………………………… （240）

29. 雷暴时应注意采取哪些必要的防范措施？ ………………… （240）

30. 高低压带电作业个体防护装备如何选用？ ………………… （240）

31. 手持电动工具安全注意事项有哪些？ ……………………… （241）

32. 电气设备着火时应如何处理？ ……………………………… （241）

33. 哪些灭火器可以用于带电灭火，哪些灭火器不能用于
带电灭火？ …………………………………………………… （242）

34. 工作人员与不停电设备安全距离为多少？ ………………… （242）

35. 施工现场临时用电三级配电箱漏电保护设置有何规定？ … （243）

第二章　通用安全 …………………………………………………… （244）

1. 中国石油化工集团公司安全理念是什么？ ………………… （244）

2. 中国石化规定"七想七不干"具体内容是什么？ ………… （244）

3. 工程建设企业特殊岗位人员有哪些？ ……………………… （244）

4. 施工作业过程中施工作业人员对哪些行为有权拒绝施工，
   并应及时向施工负责人或 HSE 主管部门反映？ ·············· (245)
5. 按标志性质 HSE 警示标志牌可划分为哪四种基本类型？ ······ (245)
6. 施工作业"三违"是指什么？ ························· (246)
7. 哪些作业必须执行挂牌上锁程序？ ···················· (246)
8. 机械挖掘时应注意哪些？ ·························· (246)
9. 高处作业的定义和分级是什么，几米以上高处作业
   必须办理作业许可证？ ··························· (247)
10. 脚手架的使用有何要求？ ························· (247)
11. 水平生命线设置有何要求？ ······················· (248)
12. 临边作业防护有哪些要求？ ······················· (249)
13. 洞口作业防护有哪些要求？ ······················· (249)
14. "受限空间"定义是什么？ ························· (250)
15. 受限空间"三不进入"指什么？ ····················· (250)
16. 高处作业动火要注意哪些事项？ ···················· (250)
17. 班组在作业结束后，应做哪些工作？ ·················· (251)
18. 班组如何做好安全培训工作？ ····················· (251)
19. 新员工在班组级安全教育中必须接受哪些安全教育？ ······· (252)
20. 班前会的内容有哪些？ ·························· (252)
21. 消防工作中的"三懂四会"指的是什么？ ··············· (253)
22. 中石化规定禁用手机的区域有哪些？ ·················· (253)

# 第一篇 基础知识

# 第一章　专业术语

### 1. 什么是保护接地？

是为防止电气装置的金属外壳、配电装置的构架和线路杆塔等带电危及人身和设备安全而进行的接地。所谓保护接地就是将正常情况下不带电，而在绝缘材料损坏后或其他情况下可能带电的电器金属部分(即与带电部分相绝缘的金属结构部分)用导线与接地体可靠连接起来的一种保护接线方式。

接地保护一般用于配电变压器中性点不直接接地(三相三线制)的供电系统中，用以保证当电气设备因绝缘损坏而漏电时产生的对地电压不超过安全范围。

### 2. 什么是工作接地？其作用是什么？

变压器低压中性点的接地，称为工作接地。其作用是：

(1)降低人体的接触电压，在中性点对地绝缘的系统中，当一相接地，而人体又触及另一相时，人体将受到线电压。

(2)迅速切断故障设备。

### 3. 什么是保护接零？

保护接零是把电气设备的金属外壳与电网的零线可靠连接，以保护人身安全的一种用电安全措施。保护接零是在中性点直接接地。电压为 380/220V 的三相四线制配电系统中，保护接零是经常采用的，目的是防止意外带电体上发生触电事故。

### 4. 什么是重复接地？

在三相四线制电网中，除变压器中性点接地以外，在零线上的一点或多点与大地进行再一次的连接叫重复接地。

### 5. 什么是接地导体和接地干线？

接地导体是在布线系统、电气装置或用电设备的给定点与接地极或接地网之间，提供导电通路或部分导电通路的导体。接地干线是与总接地母线、接地极或接地网直接连接的保护导体。

### 6. 什么是零序保护？

在大短路电流接地系统中发生接地故障后，就有零序电流、零序电压和零序功率出现，利用这些电气量构成保护接地短路的继电保护装置统称为零序保护。

### 7. 什么是中性点和零点？

三相绕组的首端(或尾端)连接在一起的共同连接点，称电源中性点。当电源的中性点与接地装置有良好的连接时，该中性点便称为零点。

### 8. 什么是大电流接地系统和小电流接地系统？

中性点直接接地系统称为大电流接地系统。

中性点不接地或用消弧线圈补偿称为小电流接地系统。

### 9. 什么是导线的安全载流量？

导线的安全载流量是指某截面导线在不超过它最高工作温度的条件下，长期通过的最大电流值。

### 10. 什么是涡流？

交变磁场中的导体内部(包括铁磁物质)将在垂直于磁力线的方向的截面上感应出闭合的环形电流，称涡流。

## 11. 什么是负荷计算？

负荷计算，就是计算用电设备、配电线路、配电装置，以及变压器、发电机中的电流和功率。负荷计算通常是从用电设备开始的，逐级经由配电装置和配电线路，直至电力变压器。首先确定用电设备的设备容量和计算负荷，然后计算用电设备组的计算负荷，最后计算总配电箱或整个配电室的计算负荷。

## 12. 什么是电缆线路的正序阻抗和零序阻抗？

电缆导体的交流电阻和三相感抗的相量和称为正序阻抗；电缆零序回路电阻与部分以大地为回路的三相感抗的相量和称为零序阻抗。

## 13. 什么是一次设备和一次回路？

一次设备是指直接生产、输送和分配电能的高压电气设备。包括发电机、变压器、断路器、隔离开关、自动开关、接触器、刀开关、母线、输电线路、电力电缆、电抗器、电动机等。由一次设备相互连接，构成发电、输电、配电或进行其它生产的电气回路称为一次回路。

## 14. 什么是二次设备和二次回路？

电力系统中，凡是对一次设备进行操作、控制、保护和测量的设备，以及各种信号装置统称二次设备。这些设备及其有关的线路叫二次回路。

## 15. 什么是交流电和正弦交流电？

电压和电流的大小和方向随时间作有规律变化的是交流电。电压和电流的大小和方向随时间按正弦函数规律性变化是叫正弦交流电。

## 16. 什么是内部过电压？

内部过电压是由于误操作、事故或电网参数配合不当等原因，引起电力系统的状态发生突然变化时，引起的对系统有危害的过电压。

### 17. 什么是自动重合闸？

自动重合闸装置是将因故障跳开后的断路器按需要自动投入的一种自动装置。电力系统运行经验表明，架空线路绝大多数的故障都是"瞬时性"的，永久性的故障一般不到10%。因此，在由继电保护动作切除短路故障后，电弧将自动熄灭，绝大多数情况下短路处的绝缘可以自动恢复。因此，自动将断路器重合，不仅提高了供电的安全性和可靠性，减少了停电损失，而且还提高了电力系统的暂态水平，增大了高压线路的送电容量，也可纠正由于断路器或继电保护装置造成的误跳闸。

### 18. 什么是变频器？

变频器一般是利用电力半导体器件的通断作用将工频电源变换为另一频率的电能控制装置。

### 19. 什么是相电压、线电压和相电流、线电流？

由三相绕组连接的电路中，每个绕组的始端与末端之间的电压叫相电压；各绕组始端或末端之间的电压叫线电压。

各相负荷中的电流叫相电流；各段线中流过的电流叫线电流。

### 20. 什么是电源的星形、三角形连接方式？

将电源的三相绕组的末端 X、Y、Z 连成一节点，而始端 A、B、C 分别用导线引出接到负载，这种接线方式叫电源的星形连接方式，或称为 Y 连接。

将三相电源的绕组，依次首尾相连接构成的闭合回路，再以首端 A、B、C 引出导线接至负载，这种接线方式叫做电源的三角形连接，或称为 △ 连接。

### 21. 什么是变压器？

变压器是根据电磁感应原理工作的静止电器。它具有变换电压、电流参数的功能。在电力系统中，利用变压器可以实现经济地输送电能，方便地分配电能，安全地应用电能。

### 22. 怎样划分电气设备高压和低压？

1kV 及以上为高压，1kV 以下为低压。

### 23. 什么是不间断电源？

不间断电源是由电池组、逆变器和其他电路组成，在电网停电时能及时提供交流电力的电源设备。

### 24. 什么是避雷器？

避雷器是用来限制过电压，保护电气设备绝缘免受雷电危害的设备。

### 25. 什么是母线槽？

由铜、铝母线柱构成的一种封闭的金属装置，用来为分散系统各个元件分配较大功率。

### 26. 什么是小母线？

是控制电源、信号电源、保护电源、交流电压、交流电源等共用汇积线，一般放在保护盘柜顶，用铜棒、铝排或电缆连接，起到汇集、分配电能的作用，属于环网供电方式，可节省二次电缆，使回路简单化。

### 27. 什么是电流互感器？

电流互感器是把大电流按一定比例变为小电流，提供各种仪表使用和继电保护用的电流，并将二次系统与高压隔离。它不仅保证了人身和设备的安全，也使仪表和继电器的制造简单化、标准化，提高了经济效益。

## 28. 什么是断路器自由脱扣？

断路器在合闸过程中的任何时刻，若保护动作接通跳闸回路，断路器能可靠地断开，这就叫自由脱扣。带有自由脱扣的断路器，可以保证断路器合于短路故障时，能迅速断开，避免扩大事故范围。

## 29. 什么是阻波器？

阻波器是载波通信及高频保护不可缺少的高频通信元件，它阻止高频电流向其他分支泄漏，起减少高频能量损耗的作用。

## 30. 什么是串联谐振？

在电阻、电感和电容的串联电路中，出现电路的端电压和电路总电流同相位的现象，叫做串联谐振。

## 31. 什么是电缆导管？

布线系统中用于布设绝缘导线、电缆的，横截面通常为圆形的管件。

# 第二章　识图

## 1. 什么是文字符号和图形符号？

文字符号是表示和说明电气设备、装置、元器件的名称、功能、状态和特征的字符代码，由字母或字母组合构成，是重要的字符代码。图形符号是用于电气图或其他文件中表示项目或概念的一种图形、记号或符号，是电气技术领域中最基本的工程语言。正确、熟练地掌握绘制和识别各种电气图形符号是识读电气图的基本功。

## 2. 常见线路敷设方式和敷设部位的文字符号有哪些？

常见线路敷设方式和敷设部位的文字符号见表1-2-1。

表1-2-1　常见线路敷设方式和敷设部位的文字符号

| 线路敷设方式 | 文字符号 | 线路敷设部位 | 文字符号 |
|---|---|---|---|
| 穿焊接钢管敷设 | SC | 沿或跨柱敷设 | AC |
| 穿电线管敷设 | MT | 沿屋架或跨屋架敷设 | AB |
| 穿硬塑料管敷设 | PC | 沿墙面敷设 | WS |
| 穿阻燃半硬聚氯乙烯管敷设 | FPC | 沿顶棚面或顶板面敷设 | CE |
| 穿聚氯乙烯塑料波纹管敷设 | KPC | 暗敷设在梁内 | BC |
| 穿金属软管敷设 | CP | 暗敷设在柱内 | CLC |
| 穿扣压式薄壁钢管敷设 | KBG | 暗敷设在墙内 | WC |
| 混凝土排管敷设 | CE | 暗敷设在地面内 | FC |

| 线路敷设方式 | 文字符号 | 线路敷设部位 | 文字符号 |
|---|---|---|---|
| 钢索敷设 | M | 暗敷设在顶板内 | CC |
| 电缆桥架敷设 | CT | 吊顶内敷设 | SCE |
| 金属线槽敷设 | MR | | |
| 塑料线槽敷设 | PR | | |
| 直埋敷设 | DB | | |
| 电缆沟敷设 | TC | | |

## 3. 电气图纸中的常见图线有哪些?

电气图纸中常见的图线见表1-2-2。

表1-2-2　常见线条及含义

| 图线名称 | 图线形式 | 图线应用 | 图线名称 | 图线形式 | 图线应用 |
|---|---|---|---|---|---|
| 粗实线 | | 电气线路,一次线路 | 点画线 | | 结构围框线分界线 |
| 细实线 | | 二次线路,一般线路 | 双点画线 | | 辅助围框线 |
| 虚线 | | 屏蔽线路,机械线路 | | | |

## 4. 简要说明图1-2-1所示照明图。

图1-2-1为某车间电气照明平面图。车间里设有6台照明配电箱,即AL11~AL16,从每台配电箱引出电源向各自的回路供电。如AL13箱引出WL1~WL4四个回路,均为BV-2×2.5-S15-CEC,表示2根截面为2.5mm$^2$的铜芯塑料绝缘导线穿直径为15mm的钢管,沿顶棚暗敷设。灯具的标注格式22P表示灯具数量为22个,每个灯泡的容量为200W,安装高度4m,吊管安装。

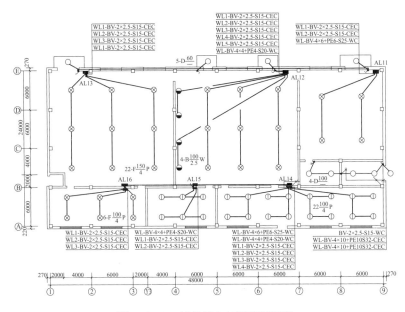

图 1-2-1 某车间电气照明平面图

## 5. 简要说明图 1-2-2 所示动力图。

图 1-2-2 为某车间电气动力平面图。车间里设有 4 台动力配电箱，即 AL1~AL4。其中 AL1 $\dfrac{\text{XL}-20}{4.8}$ 表示配电箱的编号为 AL1，其型号为 XL-20，配电箱的容量为 4.8kW。由 AL1 箱引出三个回路，均为 BV-3×1.5+PE1.5-SC20-FC，表示 3 根相线截面为 $1.5\text{mm}^2$，PE 线截面为 $1.5\text{mm}^2$，均为铜芯塑料绝缘导线，穿直径为 20mm 的焊接钢管，沿地暗敷设。配电箱引出回路给各自的设备供电，其中 $\dfrac{1}{1.1}$ 表示设备编号为 1，设备容量为 1.1kW。

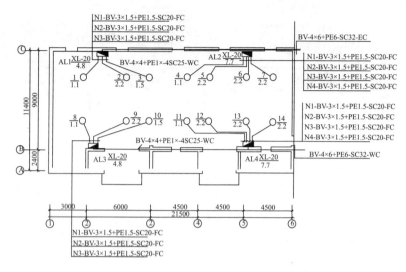

图 1-2-2　某车间电气动力平面图

### 6. 简要说明图 1-2-3 所示配电箱系统图。

图 1-2-3 为配电箱系统图。引入配电箱的干线为 BV-4×25 +16-SC40-WC；干线开关为 DZ216-63/3P-C32A；回路开关为 DZ216-63/1P-C10A 和 DZ216-63/2P-16A-30mA；支线为 BV-2×2.5-SC15-CC 及 BV-3×2.5-SC15-FC。回路编号为 N1～N13；相别为 AN、BN、CN、PE 等。配电箱的参数为：设备容量 $P_e=8.16kW$；需用系数 $K_x=0.8$；功率因数 $\cos\varphi=0.8$；计算容量 $P_{js}=6.53kW$；计算电流 $I_{js}=13.22A$。

### 7. 如何用文字符号标示保护管的型号规格？

例如镀锌焊接钢管 $DN25×3.25$，$DN25$ 表示公称直径 25mm，3.25 表示壁厚 3.25 mm。

### 8. 电缆的型号规格中文字符号各代表哪些含义？

以 ZR-YJV22-0.6/1KV 3×16 为例。

(AL1)(F3) XGM1R-2G.5E.3L
暗装照明配电箱

| | | | | | | |
|---|---|---|---|---|---|---|
| DZ216-63/1P-C10A | BV-2×2.5-SC15-CC | N1 | AN | 11盏 | 0.84kW | 照明 |
| DZ216-63/1P-C10A | BV-2×2.5-SC15-CC | N2 | BN | 12盏 | 0.96kW | 照明 |
| DZ216-63/1P-C10A | BV-2×2.5-SC15-CC | N3 | CN | 6盏 | 0.36kW | 照明 |
| DZ216-63/1P-C10A | BV-2×2.5-SC15-CC | N4 | AN | 10盏 | 0.8kW | 照明 |
| DZ216-63/1P-C10A | BV-2×2.5-SC15-CC | N5 | BN | 12盏 | 0.94kW | 照明 |
| DZ216-63/1P-C10A | BV-2×2.5-SC15-CC | N6 | CN | 9盏 | 0.68kW | 照明 |
| DZ216-63/1P-C10A | BV-2×2.5-SC15-CC | N7 | AN | 14盏 | 0.28kW | 照明 |
| DZ216L-63/2P-16A-30mA | BV-2×2.5-SC15-FC | N8 | BNPE | 6盏 | 0.6kW | 插座 |
| DZ216L-63/2P-16A-30mA | BV-2×2.5-SC15-FC | N9 | CNPE | 6盏 | 0.6kW | 插座 |
| DZ216L-63/2P-16A-30mA | BV-3×2.5-SC15-FC | N10 | CNPE | 6盏 | 0.8kW | 插座 |
| DZ216L-63/2P-16A-30mA | | N11 | | | | 备用 |
| DZ216-63/1P-C10A | | N12 | | | | 备用 |
| DZ216-63/3P-C20A | | N13 | | | | 备用 |

DZ216-63/3P-C32A

$P_e$=8.16kW
$K_x$=0.8
$cos\varphi$=0.8
$P_{js}$=6.53kW
$I_{js}$=13.22A

BV-4×2.5+16-SC40-WC

图 1-2-3  某配电箱系统图

ZR—阻燃型、YJ—交联聚乙烯绝缘、V—聚氯乙烯绝缘或护套、22—铠装、0.6/1KV—电压等级、3×16—电缆芯数×标称截面。

### 9. 如何用图形符号在平面图中标示接地装置线路？

接地装置线路标示见图 1-2-4。

(a)有接地极          (b)无接地极

图 1-2-4  接地装置线路标示

### 10. 如何用图形符号在平面图中标示导线、电缆线路配线方向？

导线、电缆配线方向标示见图 1-2-5。

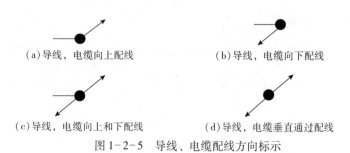

(a)导线，电缆向上配线　　　　(b)导线，电缆向下配线

(c)导线，电缆向上和下配线　　　(d)导线，电缆垂直通过配线

图 1-2-5　导线、电缆配线方向标示

**11. 如何用图形符号在平面图中标示电缆桥架、电缆隧道或电缆沟?**

电缆桥架、电缆隧道或电缆沟标示见图 1-2-6。

(a)电缆桥架　　　　　　　(b)电缆隧道或电缆沟

图 1-2-6　电缆桥架、电缆隧道或电缆沟标示

**12. 如何用图形符号在平面图中标示照明开关?**

照明开关标示见图 1-2-7。

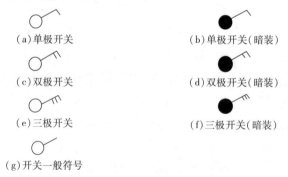

(a)单极开关　　　　　　　　(b)单极开关(暗装)

(c)双极开关　　　　　　　　(d)双极开关(暗装)

(e)三极开关　　　　　　　　(f)三极开关(暗装)

(g)开关一般符号

图 1-2-7　照明开关标示

**13. 如何用图形符号在平面图中标示动力照明配电箱?**

动力照明配电箱标示见图 1-2-8。

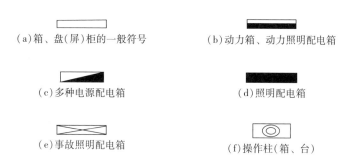

(a)箱、盘(屏)柜的一般符号　　　　(b)动力箱、动力照明配电箱

(c)多种电源配电箱　　　　　　　　(d)照明配电箱

(e)事故照明配电箱　　　　　　　　(f)操作柱(箱、台)

图1-2-8　动力照明配电箱标示

## 14. 如何用图形符号在平面图中标示照明灯具?

照明灯具标示见图1-2-9。

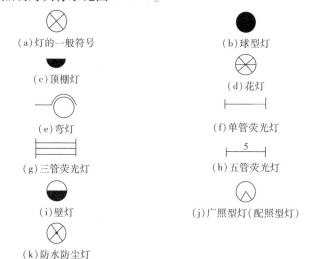

(a)灯的一般符号　　　　　　　　　(b)球型灯

(c)顶棚灯　　　　　　　　　　　　(d)花灯

(e)弯灯　　　　　　　　　　　　　(f)单管荧光灯

(g)三管荧光灯　　　　　　　　　　(h)五管荧光灯

(i)壁灯　　　　　　　　　　　　　(j)广照型灯(配照型灯)

(k)防水防尘灯

图1-2-9　照明灯具标示

## 15. 如何用图形符号在电路图中标示三相异步电动机?

三相异步电动机标示见图1-2-10。

（a）三相鼠笼式异步电动机　　　　　（b）三相绕线式异步电动机

图 1-2-10　三相异步电动机标示

## 16. 如何用图形符号在电路图中标示三相变压器？

三相变压器标示见图 1-2-11。

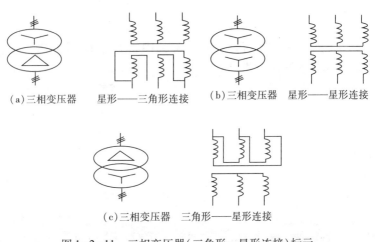

（a）三相变压器　星形——三角形连接　　（b）三相变压器　星形——星形连接

（c）三相变压器　三角形——星形连接

图 1-2-11　三相变压器（三角形—星形连接）标示

## 17. 如何用图形符号在电路图中标示消弧线圈？

消弧线圈标示见图 1-2-12。

图 1-2-12　消弧线圈标示

## 18. 如何用图形符号在电路图上标示零序电流互感器？

零序电流互感器标示见图 1-2-13。

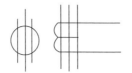

图1-2-13 零序电流互感器标示

## 19. 如何用图形符号在电路图中标示开关?

开关标示见图1-2-14。

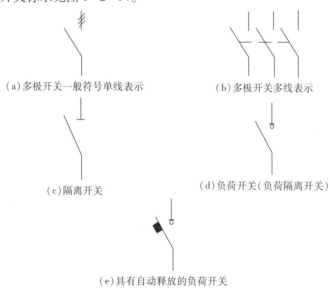

(a)多极开关一般符号单线表示　　　　(b)多极开关多线表示

(c)隔离开关　　　　(d)负荷开关(负荷隔离开关)

(e)具有自动释放的负荷开关

图1-2-14 开关标示

## 20. 如何用图形符号在电路图中标示断路器?

断路器标示见图1-2-15。

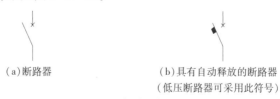

(a)断路器　　　　(b)具有自动释放的断路器
　　　　　　　　(低压断路器可采用此符号)

图1-2-15 断路器标示

### 21. 如何用图形符号在电路图中标示接触器？

接触器标示见图1-2-16。

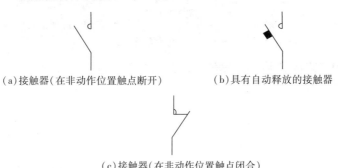

(a)接触器(在非动作位置触点断开)　　　　(b)具有自动释放的接触器

(c)接触器(在非动作位置触点闭合)

图1-2-16　接触器标示

### 22. 如何用图形符号在电路图中标示熔断器？

熔断器标示见图1-2-17。

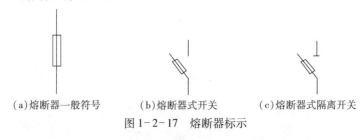

(a)熔断器一般符号　　　(b)熔断器式开关　　　(c)熔断器式隔离开关

图1-2-17　熔断器标示

### 23. 如何用图形符号在电路图中标示接触器触点？

接触器触点标示见图1-2-18。

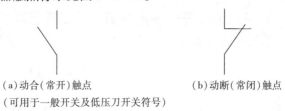

(a)动合(常开)触点　　　　　　　　(b)动断(常闭)触点

(可用于一般开关及低压刀开关符号)

(c)当操作器件被吸合时延时　　　　(d)当操作器件被释放时延时
　　闭合的动合触点　　　　　　　　　断开的动合触点

图 1-2-18　接触器触点标示

### 24. 如何用图形符号在电路图中标示电压、电流、功率表?

电压、电流、功率表标示见图 1-2-19。

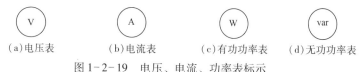

(a)电压表　　　　(b)电流表　　　　(c)有功功率表　　　(d)无功功率表

图 1-2-19　电压、电流、功率表标示

### 25. 如何用图形符号在电路图中标示原电池或蓄电池组?

原电池或蓄电池组标示见图 1-2-20。

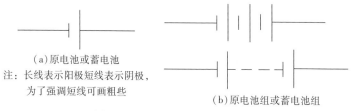

(a)原电池或蓄电池

注:长线表示阳极短线表示阴极,
为了强调短线可画粗些

(b)原电池组或蓄电池组

图 1-2-20　原电池或蓄电池组标示

### 26. 如何用图形符号在电路图中标示操作器件电磁线圈?

操作器件电磁线圈标示见图 1-2-21。操作器件电磁线圈的一般符号,可用于继电器、接触器、各种开关的合闸和跳闸线圈。

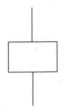

图1-2-21　操作器件电磁线圈标示

### 27. 如何用图形符号在电路图中标示缓慢释放和缓慢吸合继电器线圈?

缓慢释放和缓慢吸合继电器线圈标示见图1-2-22。

(a)缓慢释放(缓放)继电器线圈　　(b)缓慢吸合(缓吸)继电器线圈

图1-2-22　缓慢释放和缓慢吸合继电器线圈标示

### 28. 如何用图形符号在电路图中标示快速继电器线圈?

快速继电器线圈标示见图1-2-23。

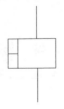

图1-2-23　快速继电器线圈标示

### 29. 如何用图形符号在平面图中标示气体继电器?

气体继电器标示见图1-2-24。

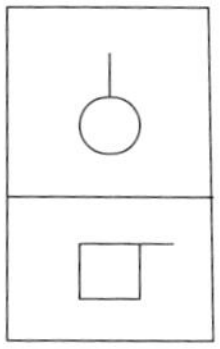

图 1-2-24 气体继电器标示

## 30. 如何用图形符号在平面图中标示电度表？

电度表标示见图 1-2-25。

kWh

图 1-2-25 电度表标示

## 31. 如何用图形符号在平面图中标示避雷器？

避雷器标示见图 1-2-26。

图 1-2-26 避雷器标示

## 32. 如何用图形符号在平面图中标示接地？

接地标示见图 1-2-27。

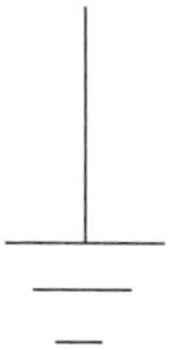

图 1-2-27 接地标示

### 33. 如何用图形符号在平面图中标示避雷针?

避雷针标示见图 1-2-28。

图 1-2-28　避雷针标示

### 34. 如何用图形符号在平面图中标示电动阀及防爆电动阀?

电动阀及防爆电动阀标示见图 1-2-29。

（a）电动阀　　　　　　　　　　（b）防爆电动阀

图 1-2-29　电动阀及防爆电动阀标示

### 35. 导线一般有哪些表示方法?

导线的表示方法见图 1-2-30。

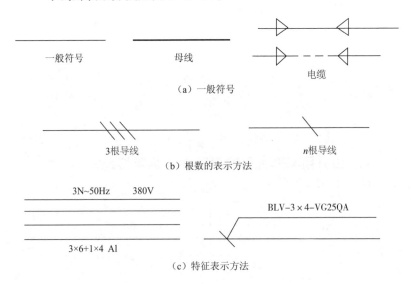

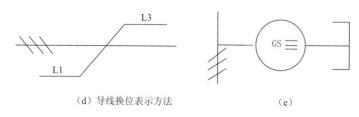

（d）导线换位表示方法　　　　　　　　（e）

图1-2-30　导线的一般表示方法

　　如图1-2-30（a）所示是导线的一般符号，表示一根导线、电线、电缆、传输电路、母线、总线等。

　　当用一条线表示一组导线时，为了表示导线的根数，可在单线上加短斜线（45°）和数字表示，如图1-2-30（b）所示。

　　导线特征通常采用字母、数字在导线上方、下方或中断处标注，如图1-2-30（c）中，表示该电路有三根相线，一根中性线（N），交流频率为50Hz，电压为380V，相线截面积为6mm²（三根）中性线为4mm²（一根），导线材料为铝。

　　图1-2-30（d）表示L1相与L3相换位。

　　图1-2-30（e）表示三相同步发电机（GS），一端引出连接成Y形，构成中性点，另一端输出至三相母线。

# 第三章　工机具

## 1. 多台输送机输送电缆的步骤是什么?

因大截面电缆重量重,单机使用很难满足施工要求,这时需在牵引机配合下,进行多台电缆输送机串联使用。

(1)电缆在进入第一台电缆输送机时停止牵引,将电缆夹紧在橡胶履带之间,然后再开动电缆输送机。

(2)电缆进入第二台电缆输送机时停止牵引,将电缆夹紧在橡胶履带之间,然后开动两台电缆输送机。

(3)电缆进入第三台输送机时停止牵引,将电缆夹紧在橡胶履带之间,然后开动三台电缆输送机。

(4)重复上述动作,直至电缆进入最后一台电缆输送机,此时便可以进行整条线路电缆的敷设施工作业。

## 2. 每台输送机之间的安装间距是多少?

可根据牵引力计算结果和现场情况决定,按一般的经验考虑,可取 35m 以内,两台输送机之间每间隔 1.5~2.5m 左右设一个滑轮。

## 3. 怎样选取高压兆欧表的量程范围?

对于 500V 及以下的线路或电气设备,应使用 500V 及 1000V 的兆欧表。对于 500V 以上的线路及电气设备,应使用 1000V 及 2500V 的兆欧表。

## 4. 如何使用高压绝缘电阻测试仪？

高压绝缘电阻测试仪如图 1-3-1 所示。

图 1-3-1　高压绝缘电阻测试仪

（1）测量绝缘电阻时选择合适的电压挡位，将两个测试金属部分线悬空放置，按下测试按钮并顺时针旋转，此时按钮不会弹起来。液晶显示屏上如果显示"OL"，再将两根测试线的表笔搭在一起，如果显示"0"，则说明仪器没有问题。然后逆时针旋转测试按钮，将测试按钮弹起，接下来把接地线连接到回路接地端，测试线接触被测回路，按下测试按钮并顺时针旋转，过一段时间后，显示屏上的数值固定不变时，此时的数值即为所测回路的绝缘电阻值。

（2）仪器配备自动放电功能，如果需要使用自动放电功能，在测试完成后不要取下测试线，逆时针旋转测试按钮，让仪器自动释放测试时产生的电荷，放电过程中，显示屏上的电压数值会一直往下降，显示"0 V"时，说明被测回路中的电荷已经放完。手动放电时，先取下测试线，松开测试按钮，放电线先一端接地，再用另一端接触被测回路。被测回路中的电没有放完之前不得触碰被测回路，以防发生触电事故。

（3）测量极化指数时可以按下定时器按钮，设置好时间后，按下测试按钮，设定时间到了后，仪器会自动计算出被测回路的极化指数。

（4）电压测量时将挡位打到"AC·V"位置上，测量时，无需按下测试按钮，将接地线接到测试回路的接地端，测试线接测试端口，此时显示屏上会显示所测回路的电压。为了避免触电事故，请勿在对地电压超过600V的回路中测量。即使线间电压在600V以下，对地电压高于600V也不能测量；

（5）测量正在进行时，不要旋转功能选择开关。使用完毕后，将功能选择开关置于"OFF"位置。若长时间停用，将电池取出后存放。

### 5. 使用数字式高压绝缘电阻测试仪应注意哪些事项？

（1）测量前，确认量程开关切换至适当的位置。

（2）使用完毕后，将测量选择钮置于"OFF"位置，若长时间不使用，将电池取出后存放。

（3）勿在高温、潮湿、有结露可能的场所及阳光直射下长时间放置。

（4）使用湿布或清洁剂来清洁仪器外壳，勿使用研磨剂或溶剂。

（5）仪器潮湿时，先干燥后存储。

### 6. 如何使用直流高压发生器？

直流高压发生器如图1-3-2所示。

（1）直流高压发生器在使用前应检查其完好性，连接电缆不应有断路和短路，设备无破裂等损坏。

图 1-3-2　直流高压发生器

（2）将机箱、倍压筒放置到合适位置分别连接好电缆线、接地线和电源线，保护接地线与工作接地线以及放电棒的接地线均应单独接到试品的地线上（即一点接地）。严禁各接地线相互串联。为此，应使用 ZGF 专用接地线。

（3）电源开关放在关断位置并检查调压电位器是否在零位。过电压保护整定值一般为试验电压的 1.1 倍。

（4）空载升压检测过电压保护整定是否灵敏。

（5）接通电源开关，此时绿灯亮，表示电源接通。

（6）按红色按钮，红灯亮，表示高压接通。

（7）顺时针方向平缓调节调压电位器，输出端即从零开始升压，升至所需电压后，按规定时间记录电流表读数，并检查控制箱及高压输出线有无异常现象及声响。

（8）降压。将调压电位器回零后，随即按绿色按钮，切断高压并关闭电源开关。

（9）对试品进行泄漏及直流耐压试验。在进行检查试验确认试验器无异常情况后，即可开始进行试品的泄漏及直流耐压试验。将试品、地线等连接好，检查无误后即打开电源。

（10）升压至所需电压或电流。升压速度以每秒 3～5kV 试验电压为宜。对于大电容试品升压时还需监视电流表充电电流不超过试验器的最大充电电流；对小电容试品如氧化锌避雷器、磁吹避雷器等先升至所需电压(电流)的 95%，再缓慢仔细升至所需的电压(电流)，然后从数显上读出电压(电流)值。如需对氧化锌避雷器进行 0.75VDC－1mA 测量时，先升至电流 1mA 时电压值停止（这时可记录电压、电流值），然后按下黄色按钮，此时电压即降至原来的 75%，并保持此状态，此时可读取微安数。测量完毕后，调压电位器逆时针回到零按下绿色按钮。需再次升压时按红色按钮即可。必要时用外接高压分压器比对控制箱上的直流高压指示。

（11）试验完毕，降压，关闭电源。

## 7. 如何使用全自动变比测试仪？

全自动变比测试仪如图 1-3-3 所示。

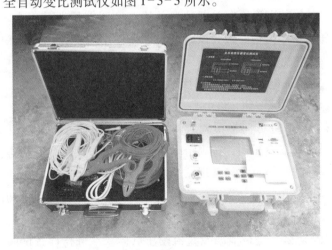

图 1-3-3　全自动变比测试仪

（1）连线：关掉仪器的电源开关，仪器的 A、B、C 接变压器的高压端，a、b、c 接低压端。变压器的中性点不接仪器，也不接大地，接好仪器地线。将电源线的一端插入仪器面板上的电源插座，另一端与交流 220V 电源相连。

（2）打开仪器的电源开关，设置参数 a 接法设置（接线方法）；b 变比设置。

（3）开机预热 5min 后，可开始测量，测量完成后，仪器自动保存数据，进入打印菜单，可打印本次数据。打印全部数据，可清除全部历史数据。

## 8. 使用全自动变比测试仪应注意哪些事项？

（1）在测量的时候，人不要触摸试品。

（2）仪器应存放在干燥通风处。

（3）连线要保持接触良好，仪器应良好接地。

（4）仪器的工作场所应远离强电场、强磁场、高频设备。供电电源干扰越小越好，宜选用照明线，如果电源干扰还是较大，可以由交流净化电源给仪器供电，交流净化电源的容量大于 200VA 即可。

（5）如果测试线短路，高低压接反，会熔断保险。保险熔断后，如果进行测量，在显示"正在测量，请等待！"后停住，请关机，更换相同容量的保险，重测。

（6）仪器工作时，如果出现液晶屏显示紊乱，按任何按键均无响应，或者测量值与实际值相差很远，请按复位键，或者关掉电源，再重新操作。

（7）如果显示器没有字符显示，或颜色很淡，请调节亮度电位器至合适位置。

## 9. 如何使用回路电阻测试仪？

回路电阻测试仪如图 1-3-4 所示。

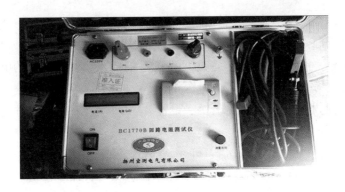

图 1-3-4　回路电阻测试仪

（1）按照说明书正确接线。

（2）检查确认接线无误后，接入 220V 交流电，合上电源开关，仪器进入开机状态。

（3）调节"电流选择"旋钮，选择要选用的电流挡位，然后按下"测量"键，此时电阻表示值为所测的回路电阻值。若显示 1，则表示所测回路电阻值超量程。

（4）测量完毕，断开电源开关，将测试线收好，放入附件包内。

### 10. 使用回路电阻测试仪应注意哪些事项？

（1）使用仪器前请仔细阅读说明书。

（2）按照说明书上正确的接线方法接线。

（3）不得测试带电回路中的回路电阻。

（4）仪器在使用中必须可靠地接地。

（5）不得随意更换电流线。

（6）仪器不使用时应置于通风、干燥、阴凉、清洁处保存，注意防潮、防腐蚀。

## 11. 如何使用感性负载直流电阻测试仪?

感性负载直流电阻测试仪如图1-3-5所示。

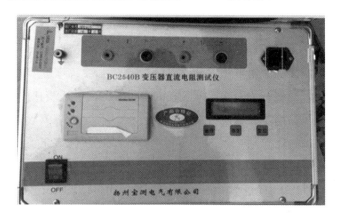

图1-3-5 感性负载直流电阻测试仪

（1）接好电源及地线，打开电源。

（2）设置参数：设置当前日期和时间；设置测量方式，包括"单相"、"两相"和"三相"；设置测量的电流大小；在测量方式为"单相"或"两相"时，可供选择的电流为1A、5A、10A、20A；测量方式为"三相"时，可供选择的电流为1A、5A、10A。

（3）正确接线，接好被测绕组接线，选择合适的测量电流后，按"测量"键，直流电阻测试仪进入测量状态。

（4）测量完毕切断电源。

## 12. 使用感性负载直流电阻测试仪应注意哪些事项?

（1）在测无载调压变压器倒分接前一定要复位，放电结束后，放电提示音结束，且提示信息消失后再切换分接开关。

（2）测试结束后，按"复位"键，一定要等放电指示灯熄灭，提示信息消失后再关掉电源，进行拆线。

（3）测试过程中防止断电、避免测试夹钳脱落。

（4）接通电源前请先接好地线，测试结束后请最后拆地线。

## 13. 使用全自动互感器综合特性测试仪应注意哪些事项？

（1）电流互感器二次线圈不应有接地点。

（2）测装在变压器中的套管 CT，测试完后，即恢复原接线。

（3）调压器开关及输出开关在断开位置方向可接线和拆线。

（4）试验前本装置应可靠接地。

（5）试验完毕后应及时回零，严禁在高电压、大电流下长时间停留。

（6）外附升压、升流设备及外接 380V 电源时，配适当保护系统，以确保人员、设备安全。

（7）液晶屏不显示、打印机工作不正常时，请勿拍打面板。

## 14. 微机继电保护测试仪的开机和关机的步骤有哪些？

开机步骤：

（1）首先将测试仪电源线插入 AC 220V 的电源插座上，开启主机电源，工控机启动 Windows XP 操作系统，启动完毕后，主机自动进入测试仪软件主界面。

（2）然后开启功放电源开关，接好电流、电压回路，有必要也要接好开关量，选择相应的软件模块进行试验。

关机步骤：

（1）首先关闭电源功放开关。

（2）然后关闭测试软件菜单，在【开始】栏点击【关机】，当 Windows 操作系统提示可以【安全关机了】后，再关机主机电源，并拔下相关测试连接线，最后将仪器装入包装箱。

## 15. 如何使用微机继电保护测试仪?

微机继电保护测试仪如图1-3-6所示。

图1-3-6 微机继电保护测试仪

(1)按设备原理接线图进行接线。

(2)接通设备电源,打开电源开关。

(3)再开启功放电源开关,接好电压、电流回路;有必要也要接好开关量。

(4)设置试验参数,参数设置好之后,再次检查接线是否有问题,观察设备面板上的报警指示灯,一切显示正常后选择开始试验。

(5)试验完成后,按下停止试验按钮,方可拆线和换线。如果停止试验,必须等设备完全关机后才方可关掉电源开关,切断外接电源。

## 16. 使用微机继电保护测试仪应注意哪些事项?

(1)测试仪装置内置了工控机和Windows操作系统,请勿过于频繁地开关主机电源。

(2)装置面板或背板装有USB插口,允许热拔插USB口设备(如U盘等),但注意拔插时一定要在数据传输结束后进行。

(3)装置配有专用自还原CF卡,避免因为非法关机,删除或修改硬盘上的文件和桌面上的图标等导致的操作系统损坏。如确需在本机内存放数据，请将数据存在 D 盘。使用 USB 盘拷贝数据时请一定保证 U 盘干净无病毒，也请不要利用 U 盘在本系统中安装其它软件程序。

（4）外接键盘或鼠标时，请勿插错端口，否则 Windows 操作系统不能正常启动。

（5）请勿在输出状态直接关闭电源，以免因关闭时输出错误以致保护误动作。

（6）开入量兼容空接点和电位(0～250VDC)，使用带电接点时，接点电位高端(正极)应接入公共端子 COM 端。

（7）使用本仪器时，请勿堵住或封闭机身的通风口，一般将仪器站立放置或打开支撑脚稍倾斜放置。

（8）禁止将外部的交直流电源引入到测试仪的电压、电流输出插孔。否则，测试仪将被损坏。

（9）如果现场干扰较强或安全要求较高，试验之前，请将电源线(3 芯)的接地端可靠接地或装置接地孔接地。

（10）如果在使用过程中出现界面数据出错或设备无法连接等问题，可以这样解决：向下触按复位按钮键，使 DSP 复位。或退出运行程序回到主菜单，重新运行程序，则界面所有数据均恢复至默认值。

## 17. 变频串联谐振耐压试验装置由哪些元器件组成？

变频串联谐振耐压试验装置如图 1-3-7 所示，主要由变频电源、励磁变压器、电抗器、电容分压器、补偿电容器组成。

## 18. 变频串联谐振耐压试验装置耐压试验的范围有哪些？

(1)6～500kV 高压交联电缆的交流耐压试验。

图1-3-7 变频串联谐振耐压试验装置

(2)6~500kV变压器的工频耐压试验。

(3)GIS和SF6开关的交流耐压试验。

(4)发电机的交流耐压试验。

(5)其他电力高压设备如母线、套管、互感器的交流耐压试验。

## 19. 如何使用交直流高压试验变压器?

(1)按说明书正确接线,将设备与被试品用线连接。变压器和控制箱都应可靠接地。

(2)试验人员应做好责任分工,设定好试验现场的安全距离,仔细检查好被试品及试验变压器的接地情况,并设有专人监护安全及观察被试品状态。

(3)接通电源前,电源控制箱的调压器必须调到零位。接通电源后,绿色指示灯亮,按一下启动按钮,红色指示灯亮,表示试验变压器已接通控制电源,开始升压。从零位开始按顺时针方向匀速旋转调压器手轮升压(升压方式有:快速升压法,即20s

逐级升压法；慢速升压法，即60s逐级升压法；极慢速升压法供选用）。电压从零开始按选定的升压速度升到所需额定试验电压的75%后，再以每秒2%额定试验电压的速度升到所需试验电压，并密切注意测量仪表的指示以及被试品的情况，被试品施加电压的时间到后。应在数秒内匀速将调压器返回，高压降至1/3试验电压以下，按一下停止按钮，高压、低压输出停止，然后切断电源线，试验完毕。

（4）当需要变压器输出直流时，只需要将变压器上的硅堆短路杆取下来即可。直流耐压需串接微安表来测量被试品泄漏电流，电源控制箱的操作与交流试验类同，需注意认准交直流电压表的读数防止误读数。在升压过程中要注意观察微安表的读数，泄漏量不应大于微安表量限，如果在升压过程中微安表读数过大可暂停升压，等微安表稳定后再缓慢升压直至升到标准电压。观察被试品的泄漏电流在试验时间内应无较大波动。试验完成后电源控制箱调压器回零，切断电源开关，对被试品以及变压器充分放电，放电时必须用带电阻的专用放电棒进行放电，严禁直接对地放电，防止损坏微安表。放电结束后将被试品可靠接地后方可以进行拆线或进行下一项试验。

## 20. 使用交直流高压试验变压器应注意哪些事项？

（1）试验人员应做好责任分工，设定好试验现场的安全距离，仔细检查好被试品及试验变压器的接地情况，并设有专人监护安全及观察被试品状态工作。

（2）被试品主要部位应清除干净，保持绝对干燥，以免损坏被试品和带来试验数值的误差。

（3）对大型设备的试验，一般都应先进行试验变压器的空升试验，即不接试品时升压至试验电压，以便校对好仪表的指示精度，调整好放电球隙的球间距。

（4）做耐压试验时升压速度不能过快，并防止突然加压，例如调压器不在零位的突然合闸，也不能突然断电，一般应在调压器降至零位时分闸。

（5）在升压或耐压试验过程中，如发现下列不正常情况：电压、电流表指针摆动很大；被试品发出不正常响声；发现绝缘有烧焦或冒烟现象，应立即降压，切断电源，停止试验并查明原因。

### 21. 如何使用抗干扰介质损耗测试仪？

介质损耗测试仪如图1-3-8所示。

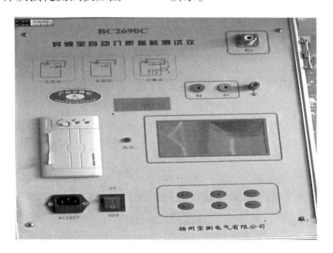

图1-3-8　介质损耗测试仪

（1）使用本仪器时，必须将仪器的接地端子可靠地接地，然后按说明书上的指示正确进行接线。

（2）仪器在测量时，严禁操作"试验电压"选择开关。

（3）本仪器有正接线法和反接线法。外接高压法，常用的是反接线法。正接线法UH端为高电压，反接线法IX端为高电压，使用时必须根据实际情况，将带高压的线缆与接地保持足够的距离。

（4）不得更换不符合面板指示值的保险丝管，尽可能用厂家随仪器提供的线缆以确保测量准确度。

（5）测试前先用"试验电压"开关选好输出电压，然后用"操作键盘"选择好测试方式。仪器首先自检，自检通过后，进入主目录。然后按照显示屏上的提示即可完成测试。

（6）做外接测量时，中途会显示"请关闭外接高压！"并停一下，等候人工外加高压关闭，关闭外高压后，再按一次"启动"键才能完成测试。在做这项时，必须关闭外加高压，否则测试结果不真实。

（7）测试完毕后，可按打印键，打印出测试结果。

（8）所有程序都完毕后，断开电源。再进行导线拆除。

## 22. 如何使用氧化锌避雷器特性测试仪？

氧化锌避雷器特性测试仪如图 1-3-9 所示。

（1）现场带电检测时，应严格按照说明书上的正确接线方法进行接线。在开机前先将仪器的地线与现场地线接好，电压互感器的二次侧信号接仪器的"电压输入"端子，由避雷器计数器两端取出的信号接仪器的"电流输入"端子，接线完毕。

（2）打开电源开关，当出现"请输入系统参数"画面时，按上下键移动手形光标到相应的系统参数选项，然后按"确定"键就可进行此项参数更改。

（3）系统变比输入有两种方法，第一种：在仪器提供的变比列表中选择输入 PT 的标准一次、二次值；第二种：直接选择"PT 变比"选项，然后按"确定"、上下键输入具体的变比数值。

（4）当系统参数输入完毕后，按"返回"键或选择"开始测量"选项就可以开始测量了。

（5）在测量过程中，可按上下键进行三个不同数据画面的切

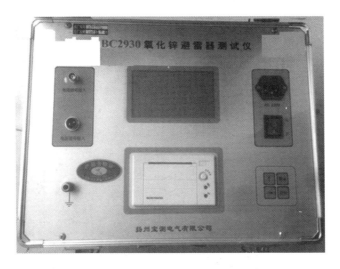

图 1-3-9　氧化锌避雷器特性测试仪

换，但是不论哪个数据画面出现，可按"确定"键即可将本次测量结果打印出来。

（6）当仪器复位时，不进行"系统参数设置"而直接进入测试第一画面，当想重新设置系统参数时，可按住任意两键再复位即可进入系统参数设置菜单。

（7）当所有数据完毕后，断开电源开关，将导线拆掉。仪器恢复原样。

## 23. 使用氧化锌避雷器测试仪应注意哪些事项？

（1）从 PT 二次取参考电压时，应仔细检查接线以避免 PT 二次短路。

（2）电压信号输入线和电流信号输入线务必不要接反，如果将电流信号输入线接至 PT 二次侧或者试验变压器测量端，则可能会烧坏仪器。

（3）在有输入电压和输入电流的情况下，切勿插拔测量线，以免烧坏仪器。

（4）仪器损坏后，请立即停止使用并通知厂家，不要自行开箱修理。仪器工作不正常时，请首先检查电源保险是否熔断。更换型号一致保险后方可继续试验。如果问题较复杂，请直接与厂家联系。

（5）本仪器不得置于潮湿和温度过高的环境中。

## 24. 如何使用大电流发生器?

大电流发生器如图 1-3-10 所示。

图 1-3-10　大电流发生器

仪器必须有良好接地。使用前按要求接好电源线、电缆线和接地线。

（1）接通电源，打开开关，红色指示灯亮，此时升流器等待升流。

（2）顺时针均匀旋转调压器，注意操作台上输出电流指示达到所需的大电流。

（3）试验过程中，一旦发现不正常现象，应立即切断电源，查明原因后再进行试验。

（4）试验完毕，必须将调压器回零，按空气开关切断电源，切断工作电源，拆除试验接线，以保证安全。

### 25. 使用大电流发生器应注意哪些事项？

（1）仪器使用前用1500MΩ表测量线圈之间和线圈对地的绝缘电阻，其电阻值不低于0.5MΩ。

（2）使用中升流变压器和操作台必须可靠接地，以保证安全。

（3）使用时应缓慢均匀升流，搬运时应避免过大的震动。

（4）调压器与电刷接触表面应保持清洁，视情况用棉纱蘸90%酒精擦拭干净。

### 26. 如何使用钳形电流表？

钳形电流表如图1-3-11所示。

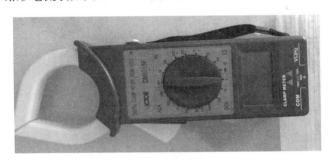

图1-3-11　钳形电流表

用钳形电流表检测电流时，一定要夹入一根被测导线（电线），夹入两根（平行线）则不能检测电流。另外，使用钳形电流表中心（铁芯）检测时，检测误差小。用直流钳形电流表检测直流电流（DCA）时，如果电流的流向相反，则显示出负数。

### 27. 使用钳形电流表应注意哪些事项？

（1）进行电流测量时，被测载流体的位置应放在钳口中央，以免产生误差。

（2）测量前应估计被测电流的大小，选择合适的量程，在不知道电流大小时，应选择最大量程，再根据指针适当减小量程，但不能在测量时转换量程。

（3）为了使读数准确，应保持钳口干净无损，如有污垢时，应用汽油擦洗干净再进行测量。

（4）在测量 5A 以下的电流时，为了测量准确，应该绕圈测量。

（5）钳形表不能测量裸导线电流，以防触电和短路。

（6）测量完后一定要将量程分挡旋钮放到最大量程位置上。

## 28. 如何使用接地电阻测试仪？

接地电阻测试仪如图 1-3-12 所示。

图 1-3-12　接地电阻测试仪

（1）将电位探测针 P1 插在被测接地电级 E 和电流探测针 C1 之间，按直线布置彼此相距 20m，再用导线将 E1、P1、C1 连接在仪表相应端钮 E、P、C 上。

（2）将仪表水平放置，检查检流计的指针是否指在零位上，如果有偏差可以调节零位调整器以校正。

（3）将"倍率标度"置于最大的倍数，慢慢转动发电机的手柄，同时转动"测量标度盘"，使检流计的指针处于中心线的位置上。

（4）当检流计的指针接近平衡时，加快发电机的手柄，使其转速达到 120r/min 以上，再转动"测量标度盘"使指针指于中心线上。

### 29. 如何使用继电保护测试仪？

继电保护测试仪如图 1－3－13 所示。

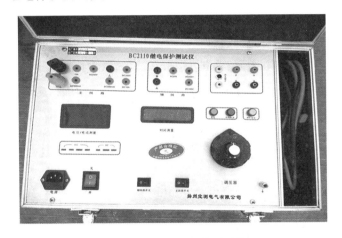

图 1－3－13　继电保护测试仪

（1）该仪器使用 220V 交流电源，使用前必须将电源开关置于"关"的位置，调压器置于"0"位，调整直流电流的多圈电位器置于最小位置，各开关均处在"关"的位置，检查无误后方可接入电源。使用前请详细阅读该仪器的使用说明书。根据所测项目和说明书要求进行接线。

（2）所有的接线完毕后，将电源插头插入 220V 的电源插座内，仪器面板上的数字表应有指示，按一下复零按扭。

（3）然后按不同型号的继电器进行正确的接线后，选择测不同继电器的挡位，来进行继电器的测试。

（4）测试完毕后，关掉电源，撤出被校继电器。将所有接线拆除。

### 30. 使用继电器校验仪应注意哪些事项？

（1）通电前，各输出端子不应接有负载，调压器复零位，"输出控制"开关应在关断位置，A/V 选择挡位时调压器回零位，否则会损坏仪器。

（2）电压输出端子不可带低阻负载，以免过流导致发热。

（3）辅回路和主回路每次只能输出其中的一种量。

（4）辅回路和主回路同时输出时，应选择主回路输出电流。

（5）贮存、运输使用过程中，应注意防震、防潮，避免剧烈冲击和跌落损伤。

### 31. 如何使用蓄电池放电仪？

蓄电池放电仪如图 1-3-14 所示。

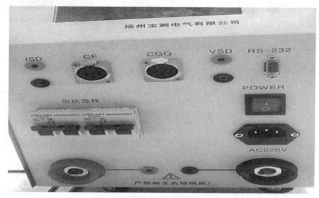

图 1-3-14　蓄电池放电仪

（1）按仪器原理接线图接线，接线完毕后，认真检查接线正确与否，注意蓄电池输入端子、单体电压采集输入端子正、负极是否正确，切记不应接反。

（2）接线正确后，接通设备电源，打开电源开关，设置好试验时所需要设置的参数，如：放电电流、放电终止电压、放电时间和放电容量。按确认键进入下一界面，可设置变电站号、蓄电池号、蓄电池电压容量及放电日期，以上蓄电池信息的填写以便对存储的数据进行查询。

（3）参数设置好后，合上阻抗开关，按下触摸屏上的工作键，放电仪开始工作。根据之前设置好的参数，放电仪达到设定条件后将自动停止工作。在对蓄电池组放电数据进行实时监控时，应首先将本机与上台机通信线连接好，当放电仪进入工作状态时，打开串口，设备运行过程中严禁断开数据线，只有在放电仪停止工作后方可断开数据线。

（4）如果蓄电池的容量比较大，可将多台设备并联使用，并联后主机以单机工作方式，从机受控于主机，将主机的放电电流设置为要放的电流值，主机设置放电电流值，并显示放电总电流。

（5）蓄电池放电仪在正常工作时禁止带电连线，否则会引起连接端子和电路的损害，还可能造成触电事故。

（6）放电仪在放电起始时电流会有一波动过程，逐渐趋于稳定。放电终止后，不要立即关机，让放电仪继续运行一段时间再关机。

# 第二篇　基本技能

# 第一章 电气安装前的准备

## 第一节 技术文件准备

**1. 施工准备阶段技术文件包括哪些内容？**

主要有施工、验收执行的有效标准和规范、设计图纸、施工组织设计、施工方案、图纸会审记录、技术交底记录、电气设备/材料质量证明文件、安装说明等。

**2. 没有技术交底记录可以进行施工吗？**

不能。电气安装工程各道工序施工前，必须由施工技术人员，对所有参与本工序施工的作业人员，进行技术和安全交底，并做技术交底记录。交底记录组织人员、交底人员、被交底人员需签字确认。

## 第二节 现场准备

**1. 电气安装施工现场应做好哪些准备工作？**

(1)熟悉规程规范、图纸、资料。

(2)完成图纸会审、编制施工方案并进行了技术交底。

(3)施工场地平整、道路畅通，并备有可靠的消防设施和消防水源。

(4)现场有零部件、工具及施工材料等存放设施，地面或货架具有足够的承载能力，材料分类摆放。

(5)施工用计量器具在有效检定期内，精度等级满足测量的需要。

(6)水源、电源满足施工需求。

## 2. 电气安装前对施工人员有哪些要求？

(1)安装电工、焊工、起重吊装工等特殊工种人员需向监理报验作业证书，报验合格后方可进行施工。

(2)电气调试人员应持证上岗。所有参与电气安装工程施工的管理和作业人员，应了解、熟悉电气安装施工工艺，严格执行相关的规程规范及标准，了解施工中运用的新技术、新工艺。

# 第三节　设备开箱检验

## 1. 主要设备材料进场验收进行现场抽样检测时有哪些要求？

(1)对于母线槽、导管、绝缘导线、电缆等，同厂家、同批次、同型号、同规格的，每批至少应抽取1个样本。

(2)对于灯具、插座、开关等电器设备，同厂家、同材质、同类型的，应各抽检3%，自带蓄电池的灯具应按5%抽检，且均不应少于1个(套)。

## 2. 如何进行设备开箱检验？

设备开箱验收应由建设/监理单位组织，供货方及施工单位参加，按照设计图纸、技术资料和装箱清单对下列项目进行检

查，并应作出记录。

（1）逐一对设备的位号、名称、型号、规格、包装箱号及箱数进行核对。

（2）对设备、材料及零部件进行外观检查，核实零部件的规格及数量等。

（3）随机技术文件及专用工具。

（4）设备有无缺损件，表面有无损坏和锈蚀等。

（5）开箱检查后，应由参加各方的代表在检查记录上签字。

### 3. 开箱检验时应注意哪些事项？

（1）开箱检验时，应使用合适的工具，不得使用大锤、撬杠猛烈敲击，以防止损坏设备。

（2）如发现有制造缺陷或质量问题，应联系制造厂处理并有记录。

（3）暂不安装的精密设备，应入库保管，控制温度和湿度。一般设备放置时，应用枕木垫高，并有防雨措施。

### 4. 变压器进场验收主要包括哪些内容？

（1）查验合格证和随机技术文件，变压器应有出厂试验记录。

（2）外观检查，设备应有铭牌，表面涂层应完整，附件应齐全，绝缘件应无缺损、裂纹，充油部分无渗漏。

### 5. 绝缘导线、电缆进场验收时外观检查应符合哪些要求？

（1）外观检查时，包装应完好，电缆端头应密封良好，标识齐全。

（2）抽检的绝缘导线或电缆绝缘层应完整无损，厚度均匀。

（3）电缆无压扁、扭曲，铠装不应松卷。

（4）绝缘导线、电缆外护层应有明显标识和制造厂标。

**6. 母线槽进场验收时进行外观检查应符合哪些要求？**

（1）检查防潮密封应良好，各段编号应标志清晰，附件应齐全、无缺损，外壳无明显变形，母线螺栓搭接面应平整、镀层覆盖应完整、无起皮和麻面。

（2）插接母线槽上的静触头应无缺损、表面光滑、镀层完整。

（3）对有防护等级要求的母线槽还应检查产品及附件的防护等级与设计的符合性，其标识完整。

# 第四节　工序交接

**1. 接地装置安装应先进行哪些工序确认？**

（1）对于利用建筑物基础接地的接地体，应该先完成底板钢筋敷设，然后按设计要求进行接地装置施工，经检查确认后，再支模或浇捣混凝土。

（2）对人工接地的接地体，应按设计要求利用基础沟槽或开挖沟槽，然后经检查确认再埋入或打入接地极和敷设地下接地干线。

（3）接地装置隐蔽前，应先检查验收合格后，再覆土回填。

**2. 成套配电柜、控制柜和配电箱（盘）安装前应进行哪些工序的交接确认？**

（1）成套配电柜（台、箱）安装前，室内顶棚、墙体的装饰工程应完成施工，无渗漏水，室内地面的找平层应完成施工，基础型钢和柜、台、箱下的电缆沟等经检查应合格，落地式柜、台、箱的基础及埋入基础的导管应验收合格。

（2）墙上明装的配电箱（盘）安装前，室内顶棚、墙体、装饰

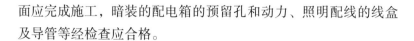

面应完成施工，暗装的配电箱的预留孔和动力、照明配线的线盒及导管等经检查应合格。

### 3. 母线槽安装应进行哪些工序的交接确认?

(1)变压器和高低压成套配电柜上的母线槽安装前，变压器、高低压成套配电柜、穿墙套管等应安装就位，并经检查合格。

(2)母线槽支架的设置应在结构封顶、室内底层地面完成施工或确定地面标高、清理场地、复核层间距离后进行。

(3)母线槽安装前，与安装位置有关的管道、空调及建筑装修工程应完成施工。

### 4. 电缆敷设应进行哪些相关工序的交接确认?

(1)支架安装前，先清除电缆沟、电气竖井内的施工临时设施、模板及建筑废料等，并对支架进行测量定位。

(2)电缆敷设前，电缆支架、导管、梯架、托盘和槽盒应完成安装，并已与保护导体完成连接，且经检查合格。

(3)电缆敷设前，绝缘测试应合格。

### 5. 电气动力设备试验和试运行应进行哪些相关工序的交接确认?

(1)电气动力设备试验前，其外露可导电部分应与保护导体完成连接，并经检查合格。

(2)通电前，动力成套配电(控制)柜、台、箱的交流工频耐压试验和保护装置的保护动作试验应合格。

(3)空载试运行前，控制回路模拟动作试验应合格，盘车或手动操作检查电气部分与机械部分的转动或动作协调一致。

# 第二章 防雷接地装置安装

## 第一节 一般规定

**1. 生产装置中有哪些常见的电气装置需要接地或接零?**

(1)电气设备的金属底座、框架及外壳和传动装置。

(2)携带式或移动式用电器具的金属底座和外壳。

(3)箱式变电站的金属箱体;

(4)互感器的二次绕组。

(5)配电、控制、保护用的屏(柜、箱)及操作台的金属框架和底座。

(6)电力电缆的金属护层、接头盒、终端头和金属保护管及二次电缆的屏蔽层。

(7)电缆桥架、支架和井架。

(8)变电站构、支架。

(9)装有架空地线或电气设备的电力线路杆塔。

(10)配电装置的金属遮栏。

(11)电热设备的金属外壳。

**2. 电气装置中有哪些金属部分可不接地?**

附属于已接地电气装置和生产设施上的下列金属部分可不

接地。

（1）安装在配电屏、控制屏和配电装置上的电气测量仪表、继电器和其他低压电器等的外壳。

（2）与机床、机座之间有可靠电气接触的电动机和电器的外壳。

（3）额定电压为220V及以下的蓄电池室内的金属支架。

### 3. 直流系统中的接地装置安装有哪些要求？

（1）能与地构成闭合回路，且经常流过电流的接地线应沿绝缘垫板敷设，不得与金属管道、建筑物和设备的构件有金属的连接。

（2）在土壤中含有在电解时能产生腐蚀性物质的地方，不宜敷设接地装置，必要时可采取外引式接地装置或改良土壤的措施。

（3）直流正极的接地线、接地极不应与自然接地极有金属连接；当无绝缘隔离装置时，相互间的距离不应小于1m。

### 4. 发电厂、变电站电气装置哪些部位应采用专门敷设的接地线？

（1）旋转电机机座或外壳，出线柜、中性点柜的金属底座和外壳，封闭母线的外壳。

（2）配电装置的金属外壳。

（3）110kV及以上钢筋混凝土构件支座上电气装置的金属外壳。

（4）直接接地的变压器中性点。

（5）变压器、发电机和高压并联电抗器中性点所接自动跟踪补偿消弧线装置提供感性电流的部分、接地电抗器、电阻器或变压器的接地端子。

(6)气体绝缘金属封闭开关设备的接地母线、接地端子。

(7)避雷器、避雷针、避雷线的接地端子。

**5. 电气设备检维修接地线的安全使用有哪些要求？**

(1)接地线应使用多股软裸铜线，其截面应符合短路电流的要求，但不得小于2.5mm²，接地线必须编号后使用。

(2)在使用前应进行详细检查，损坏的部分必须及时修理、更换。

(3)禁止使用不合规定的导线替代，接地线必须使用线夹固定，严禁用缠绕的方法进行。

(4)装设接地线前必须验证设备无电压，先接接地端，后接导体端，必须接触良好；拆地线时顺序相反，先拆导体端，后拆接地端。

(5)装、拆接地线必须使用绝缘棒和绝缘手套。

# 第二节　接地装置选择

**1. 通常所说的自然接地体有哪些？**

(1)埋设在地下的金属管道(流经可燃或爆炸性物质的管道除外)。

(2)金属井管。

(3)与大地有可靠连接的建筑物的金属结构。

(4)水工构筑物及其他坐落于水或潮湿土壤环境的构筑物金属管、桩、基础层钢筋网。

**2. 保护接地和保护接零有什么相同之处？**

(1)在低压系统，都是防止漏电造成触电事故的技术措施。

（2）要求采取接地和接零的场所大致相同。

（3）接地和接零都要求有一定的接地装置，如保护接地装置、工作接地装置和重复接地装置，而且各接地装置接地体和接地线的施工，连接都基本相同。

### 3. 垂直接地体安装常规用什么材料，有什么安装要求？

垂直接地体常用材料为镀锌钢管或角钢，也有接地装置接地极使用铜棒、铜管等。垂直接地体一般长度为2.5m，安装间距一般不小于5m。无设计要求时，垂直接地体顶面埋设深度不小于0.8m。

### 4. 生产装置中常见的接地装置选用哪些材料？

除临时接地装置外，接地装置应采用热镀锌钢材，水平敷设的可采用圆钢和扁钢，垂直敷设的可采用角钢、钢管或圆钢。

有特殊要求时也会采用扁铜带、铜绞线、铜棒、铜覆钢、锌覆钢等材料作接地装置。

不得采用铝导体作为接地极或接地线。

### 5. 与电气设备相连接的保护零线一般有什么要求？

一般采用黄绿接地线，根据规范要求，不同相线截面对应不同的保护零线截面，但不小于 $2.5mm^2$。

### 6. 接地装置的人工接地极的规格有哪些要求？

接地装置的人工接地极，水平接地极的截面不应小于连接至该接地装置接地线截面的75%，不同材质接地极和接地线最小规格见表2-2-1及表2-2-2。

**表 2-2-1 钢接地极和接地线的最小规格**

| 种类、规格及单位 | | 地上 | 地下 |
|---|---|---|---|
| 圆钢直径/mm | | 8 | 8/10 |
| 扁钢 | 截面积/mm² | 48 | 48 |
| | 厚度/mm | 4 | 4 |
| 角钢厚度/mm | | 2.5 | 4 |
| 钢管管壁厚度/mm | | 2.5 | 3.5/2.5 |

注：1. 地下部分圆钢的直径，其分子、分母数据分别对应于架空线路和发电厂、变电站的接地网；

2. 地下部分钢管的壁厚，其分子、分母数据分别对应于埋于土壤和埋于室内混凝土地坪中。

**表 2-2-2 铜及铜覆钢接地极的最小规格**

| 种类、规格及单位 | 地上 | 地下 |
|---|---|---|
| 铜棒直径/mm | 8 | 水平接地极 8 |
| | | 垂直接地极 15 |
| 铜排截面积/mm²/厚度/mm | 50/2 | 50/2 |
| 铜管管壁厚度/mm | 2 | 3 |
| 铜绞线截面积/mm² | 50 | 50 |
| 铜覆圆钢直径/mm | 8 | 10 |
| 铜覆钢绞线直径/mm | 8 | 10 |
| 铜覆扁钢截面积/mm²/厚度/mm | 48/4 | 48/4 |

注：1. 铜绞线单股直径不应小于 1.7mm；

2. 铜覆钢规格为钢材的尺寸，其铜层厚度不应小于 0.25mm。

# 第三节　接地装置的安装

## 1. 防雷接地装置的人工接地干线埋设有哪些常规工序？

应先沿接地体(极)的线路开挖接地体(极)沟，接地体(极)沟验收合格后，再打入接地体(极)的接地干线，做好工序交接记录、隐蔽工程验收记录。

前一道工序未经验收合格，不能进行下道工序。

## 2. 接地网的敷设有哪些要求？

(1)接地网的外缘应闭合，外缘各角做成圆弧形，圆弧的半径不宜小于临近均压带间距的一半。

(2)接地网内应敷设水平均压带。

(3)35kV 及以上发电厂、变电站接地网边缘有人出入的走道处，应铺设碎石、沥青路面或在地下装设 2 条与接地网相连的均压带。

## 3. 常用的镀锌钢接地材料采用搭接焊时，搭接长度有哪些要求？

(1)扁钢为其宽度的 2 倍且不少于 3 个棱边焊接。

(2)圆钢为其直径的 6 倍。

(3)圆钢与扁钢连接时，搭接长度为圆钢直径的 6 倍。

## 4. 为降低接地电阻一般可采取什么措施？

(1)增加接地极数量。

(2)采用电阻系数较低的黏土、黑土及沙质黏土代替原有电阻系数较高的土壤。

（3）对含沙土壤可增加接地体的埋设深度。

（4）对土壤进行人工处理，一般采取在土壤适当加入盐。

（5）对冻结的土壤进行人工处理后，还达不到要求时，最好把接地体埋在建筑物下面，或在冬天采用填泥炭的方法。

（6）采用新型接地装置，如电解离子接地极。

（7）采用多层接地措施。

## 5. 电气设备与接地线的连接采用螺栓连接时有哪些注意事项？

一般采用镀锌螺栓连接，电气设备的外壳上一般都有专用接地孔。连接时，清洁设备与接地线的接触面，接地线端部搪锡。接地螺栓应设防松螺帽和防松垫片。

## 6. 电气设备的接地线可以串接吗？

不能。所有电气设备都需单独连接接地分支线，不可将电气设备串联接地。

## 7. 接地线及断接卡的连接螺栓孔如何设置，可以用气焊开孔吗？

接地线与断接卡的连接按照矩形母线搭接要求进行施工，连接螺栓的孔设置可根据《电气装置安装工程　母线装置施工及验收规范》（GB 50149—2010）中"矩形母线搭接规定表"，查阅不同规格型号的断接卡对应不同的钻孔要求。

接地孔眼不得用气焊割孔，应用钻床或手电钻钻孔。

## 8. 接地极（线）为铜与铜或铜与钢的材料连接时，一般用什么方式连接，连接接头有哪些要求？

一般采用热剂焊（放热焊）连接。

熔焊时熔接接头要符合：

(1)被连接的导体截面必须完全包在接头里。

(2)保证连接部位的金属完全熔化，连接牢固。

(3)接头的表面平滑。

(4)接头无贯穿性的气孔。

### 9. 接地断接卡的设置有哪些要求？

建筑物上的防雷设施采用多根引下线时，一般在各引线距地面 1.5～1.8m 处设置断接卡，作为接地电阻的测试点。断接卡应有保护措施。

### 10. 金属电缆桥架有哪些接地要求？

(1)电缆桥架全长不大于 30m 时，与接地网相连不应少于 2 处。桥架全长超过 30m 时，每隔 20～30m 增加与接地网的连接点。

(2)电缆桥架的起始端和终点端都应与接地网可靠连接。

(3)金属电缆桥架的接地宜在桥架的支吊架上焊接螺栓，和桥架主体采用两端压接铜鼻子的铜绞线跨接，跨接线最小截面积不应小于 4mm$^2$。

(4)镀锌电缆桥架间的连接板两端可不跨接接地线，但连接板两端不少于 2 个有防松螺帽或防松垫圈的连接固定螺栓。

### 11. 接地线需要防止机械损伤吗？有哪些措施？

接地装置必须考虑易受机械损伤部位的防护。在与公路、铁路或管道等交叉及其他可能使接地线受损伤处，应用角钢或钢管等加以保护。接地线在穿过墙壁、楼板和地坪处应加装钢管或其他坚固的保护套。

### 12. 接地体焊接的防腐有哪些要求？

热镀锌钢材焊接时会破坏热镀锌防腐，应在焊痕外最小

100mm 范围内做防腐处理(涂刷防腐漆等),在做防腐处理前,表面必须除锈并去掉焊接处残留的焊药。

### 13. 接地施工中有哪些常见质量问题?

(1)接地沟埋深不够。

(2)焊接点防腐处理不符合规范要求。

(3)焊接搭接面不够。

(4)接地干线支持件间距不符合规范要求。

(5)变压器室门、变配电柜门的接地连接线材质、尺寸不符合规范要求。

### 14. 用角钢、钢管制作垂直接地极时一般怎样制作?

打入地下的接地极,如无设计要求,长度一般为 2~3m 间,下端加工成尖形。用角钢时,尖点就在角钢的钢脊线上,两个斜边对称。用钢管的,单边斜削保持一个尖点。

### 15. 怎样进行垂直接地极的常规安装?

用打桩法将接地体打入地下。接地体与地面垂直,不可歪斜,有效深度不少于2m。接地网内各接地体间距保持5m以上直线距离。全部打入地下,且与接地线连接牢固后,四周土壤埋填夯实,以减小接触电阻。

### 16. 接地线与接地体采用压接方式连接时有哪些注意事项?

采用压接时,应在接地线端加金属夹头与接地体夹牢,夹头与接地体相接触的一面镀锡,接地体连接夹头的地方擦拭干净。

### 17. 制作接地预留孔及预埋电气支持件时有哪些注意事项?

在土建专业浇制建筑物地面、楼板或砌墙时,电气专业就需要按照设计图纸的位置安装预埋孔、管或支持件。为把支持件埋设整齐，在墙壁浇捣前先埋入一块方木预留小孔，在砌砖时直接埋入，埋设方木时应拉线或划线。

### 18. 为保障安全可靠同时取得良好接地效果，人工接地体设置有哪些要求？

（1）人工接地体无论垂直还是水平埋设，根数均不应少于2根。

（2）接地体与建筑物之间的距离，不应小于1.5m。

（3）与独立避雷针的接地体间则不应小于3m。

### 19. 防雷接地装置的接地干线埋设经过人行通道时有哪些要求？

经人行通道处埋地深度不应小于1m，且应采取均压措施或在上方铺设卵石或沥青地面。

### 20. 明敷接地线的色标有哪些要求？

明敷接地线，在接地导体及每个连接部位附近表面，应涂以15～100mm宽度相等的绿色和黄色相间的标识。使用胶带时应使用双色胶带，中性线涂淡蓝色。

### 21. 测量接地电阻常用的计量器具有哪些？

接地电阻摇表及钳形接地电阻测量仪。

### 22. 接地系统的分类有哪些？

接地系统按照功能通常划分为工作接地、防雷接地、保护接地、屏蔽接地、防静电接地等。

### 23. 在现场装置中哪些不得作为接地线使用？

不得利用金属软管、管道保温层的金属外皮或金属网、低压照明网络的导线铅皮以及电缆金属护层作接地线。

## 24. 低压电气设备地面上外露铜接地线应符合哪些要求？

连接至接地极或保护线（PE）的接地线最小截面积应符合表2-2-3规定。

表2-2-3　低压电气设备地面上外露的铜接地线的最小截面积

| 名称 | 最小截面积/mm² |
|---|---|
| 明敷的裸导体 | 4 |
| 绝缘导体 | 1.5 |
| 电缆的接地芯或与相线包在同一保护外壳内的多芯导线的接地芯 | 1 |

## 25. 发电厂、变电站GIS的接地线及其连接应符合哪些要求？

（1）GIS基座上的每一根接地母线，应采用分设其两端且不少于四根的接地线与发电厂或变电站的接地装置连接。接地线应与GIS区域环形接地母线连接。接地母线较长时，其中部应另加接地线，并连接至接地网。

（2）接地线与GIS接地母线应采用螺栓连接方式。

（3）当GIS露天布置或装设在室内与土壤直接接触的地面上时，其接地开关、金属氧化物避雷器的专用接地端子与GIS接地母线的连接处，宜装设集中接地装置。

（4）GIS室内应敷设环形接地母线，室内各种设备需接地的部位应以最短路径与环形接地母线连接。GIS置于室内楼板上时，其基座下的钢筋混凝土地板中的钢筋应焊接成网，并和环形接地母线连接。

（5）法兰片间应采用跨接线连接，并保证良好的电气通路。

## 26. 移动式发电机系统在哪些情况下可不接地？

（1）移动式发电机和用电设备固定在同一金属支架上，又不供给其他设备用电。

（2）不超过 2 台用电设备由专用移动式发电机供电，供、用电设备间距不超过 50m，且用电设备的金属外壳之间有可靠的电气连接。

## 27. 电缆的接地线有哪些安装要求？

电缆接地线应采用铜绞线或镀锡编织线与电缆屏蔽层连接，其截面积需符合（GB 50149）《电气装置安装工程 接地装置施工及验收规范》的规定。铜绞线或镀锡铜编织线应加包绝缘层。统包型电缆终端头的电缆铠装层、金属屏蔽层应使用接地线分别引出并可靠接地。橡塑电缆铠装层和金属屏蔽层应锡焊接地线。

## 28. 采用钢绞线、铜绞线等作接地线引下时，应用什么方式与接地体连接？

采用钢绞线、铜绞线等作接地线引下时，宜用压接端子与接地体连接。

## 29. 接地体施工完后回填工作有哪些要求？

接地体敷设完成后的土沟其回填土内不应夹有石块和建筑垃圾等；外取的土壤不得有较强的腐蚀性；在回填土时应分层夯实。室外接地沟回填宜有 100～300mm 高度的防沉层。在山区石质地段或电阻率较高的土质区段应在土沟中至少先回填不少于 100mm 厚的净土垫层，再敷设接地体，然后用净土分层夯实回填。

## 30. 明敷接地线的安装应符合哪些要求？

（1）接地线的安装位置应合理，便于检查，无碍设备检修和运行巡视。

（2）接地线的连接应可靠，防止因加工方式造成接地线截面减少、强度减弱及锈蚀等问题。

（3）支持件间的距离，在水平直线部分宜为 0.5～1.5m；垂直部分宜为 1.5～3m；转弯部分宜为 0.3～0.5m。

（4）接地线应水平或垂直敷设，亦可与建筑物倾斜结构平行敷设；在直线段上，不应有高低起伏及弯曲等现象。

（5）接地线沿建筑物墙壁水平敷设时，离地面距离宜为 250～300mm；接地线与建筑物墙壁间的间隙宜为 10～15mm。

（6）在接地线跨越建筑物伸缩缝、沉降缝处时，应设置补偿器。补偿器可用接地线本身弯成弧状代替。

### 31. 电动机的接地有哪些要求？

当电机相线截面积小于 25mm$^2$ 时，接地线应等同相线的截面积；当电机相线截面积为 25～50mm$^2$ 时，接地线截面积应为 25mm$^2$；当电机相线截面积大于 50mm$^2$ 时，接地线截面积应为相线截面积的 50%。

### 32. 在永冻土地区可采取哪些措施来降低接地电阻？

（1）将接地装置敷设在溶化地带或溶化地带的水池中。

（2）敷设深钻式接地极，或充分利用井管或其他深埋地下的金属构件作接地极，还应敷设深垂直接地极，深度深入冻土层下土壤至少 0.5m。

（3）在房屋溶化盘内敷设接地装置。

（4）在接地极周围人工处理土壤，以降低冻结温度和土壤电阻率。

### 33. 主控楼、屏蔽站等地的接地对屏蔽电缆安装有哪些要求？

屏蔽电源电缆、屏蔽通信电缆和金属管道入室前水平直埋长度应大于 10m，埋深应大于 0.6m，电缆屏蔽层和金属管两端接地并在入口处接入接地装置。

对于不能埋入地中的，应至少将金属管道室外部分沿长度均匀分布两点接地。

### 34. 电缆穿过零序电流互感器时，其接地线的安装有哪些要求？

其金属护层和接地线应对地绝缘且不得穿过互感器接地。

当金属护层接地线未随电缆芯线穿过互感器时，接地线应直接接地，当金属护层接地线随电缆芯线穿过互感器时，接地线应穿回互感器后接地。

### 35. 建筑物内电气装置的接地安装有哪些常规要求？

(1)低压电气装置外露导电部分，应通过电源的 PE 线接到装置内设的 PE 排接地。

(2)电气装置应设专用接地螺栓，防松装置齐全且有标识，接地线禁止串接。

(3)接地线穿过墙、地面、楼板等处时，应有足够坚固的保护措施。

## 第四节　接闪器的接地

### 1. 接闪器及其接地装置的施工程序是什么？

应采取自下而上的施工程序。首先安装集中接地装置，后安装接地线，最后安装接闪器。

**2. 装有避雷针和避雷线的构架上的照明灯有哪些特殊接地要求?**

装有避雷针和避雷线的构架上的照明灯,其与电源线、低压配电装置或配电装置的接地网相连接的电源线,应采用带金属护层的电缆或穿入金属管的导线。

电缆的金属护层或金属管应接地,埋入土壤中的长度不应小于 10m。

**3. 雷雨天气为什么不能靠近避雷器和避雷针?**

雷雨天气雷击较多,当雷击到避雷器或避雷针时,雷电流经接地装置,涌入大地,由于接地装置存在接地电阻,它通过雷电流时电位将升得很高,对附近设备或人员可能造成反击或跨步电压,威胁人身安全。故雷雨天气不能靠近避雷器和避雷针。

**4. 一、二、三类建筑物接闪网防雷网格各是多少?**

一类建筑物防雷网格 5m×5m 或 6m×4m;二类建筑物防雷网格 10m×10m 或 12m×8m;三类建筑物防雷网格 20m×20m 或 24m×16m。

**5. 利用建筑物钢筋混凝土中的结构钢筋作防雷网时,为什么要将电气部分的接地和防雷接地连成一体?**

当防雷装置受到雷击时,在接闪器、引下线和接地体上都会产生很高的电位,如果建筑物内的电气设备、电线和其他金属管线与防雷装置的距离不够时,它们之间会产生放电。这种现象称之为反击,其结果可能引起电气设备绝缘破坏,金属管道烧穿,从而引起火灾、爆炸及电击等事故。

为了防止发生反击,建筑物的防雷装置须与建筑物内的电气设备及其他接地导体之间保持一定的距离,但在工程中往往存在许多困难而无法做到。当利用钢筋混凝土建筑物的结构钢筋作暗装防雷网和引下线时，就更难做到，如电气配管无法与结构钢筋分开到足够的绝缘距离。

当把电气部分的接地和防雷接地连成一体后，使其电位相等就不会受到反击。

## 6. 避雷针（线、带、网）的接地安装应符合哪些要求？

（1）避雷针和避雷带与接地线之间的连接应可靠。

（2）避雷针（带）的接地线及接地装置使用的紧固件均应使用镀锌制品。

（3）建筑物上的防雷设施接地线应设置断接卡。

（4）装有避雷针的金属筒体，当其厚度不小于 4mm 时，可作避雷针的接地线。筒体底部应至少有 2 处与接地极对称连接。

（5）独立避雷针及其接地装置与道路或建筑物的出入口等的距离应大于 3m。当小于 3m 时，应采取均压措施或铺设卵石或沥青地面。

（6）独立避雷针（线）应设置独立的集中接地装置，其与接地网的地中距离不应小于 3m。

（7）发电厂、变电站配电装置的架构或屋顶上的避雷针及悬挂避雷线的构架应在其接地线处装设集中接地装置，并与接地网连接。

# 第五节 爆炸和火灾危险环境的接地

## 1. 爆炸和火灾危险环境下，保护接地装置安装有哪些要求？

（1）在爆炸危险环境电气设备的金属外壳、金属构架、金属配线管及其配件、电缆保护管、电缆的金属护套等非带电的裸露金属部分，均应接地或接零。

（2）在爆炸性气体环境1区或可燃性粉尘环境21区所有电气设备，以及爆炸性气体环境2区除照明灯具以外其他电气设备，应采用专用接地线；该专用接地线若与相线敷设在同一保护管内时，应具有与相线相等的绝缘；金属管线、电缆的金属外壳等，应作为辅助接地线。

（3）在爆炸性气体环境2区的照明灯具及可燃性粉尘环境22区内的所有电气设备，可利用有可靠电气连接的金属管线系统作为接地线；在可燃性粉尘环境22区可采用金属结构作为接地线，但不得利用输送爆炸危险物质的管道。

（4）在爆炸危险环境中接地干线宜在不同方向与接地体相连，连接处不得少于两处。

（5）爆炸危险环境中的接地干线通过与其他环境共用的隔板或楼板时，应采用钢管保护，并作好隔离密封。

（6）电气设备及灯具的专用接地线或接零保护线，应单独与接地干线(网)相连，电气线路中的工作零线不得作为保护接地线用。

（7）爆炸危险环境内电气设备与接地线的连接，宜采用多股软绞线，其铜线最小截面不得小于 $4mm^2$，易受机械损伤的部位应装设保护管。

（8）铠装电缆接入电气设备时，其接地或接零芯线应与设备内接地螺栓连接；钢带及金属外壳应与设备外接地螺栓连接。

（9）爆炸危险环境内接地或接零用的螺栓应有防松装置；接地线紧固前，其接地端子及上述紧固件均应涂电力复合脂。

## 2. 爆炸和火灾危险环境下，防静电接地装置安装有哪些要求？

（1）防静电的接地装置可与电气设备的防感应雷接地装置共

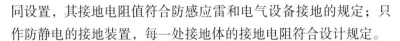

同设置，其接地电阻值符合防感应雷和电气设备接地的规定；只作防静电的接地装置，每一处接地体的接地电阻符合设计规定。

（2）设备、机组、储罐、管道等防静电接地线，单独与接地体或接地干线相连，除并列管道外不得互相串联接地。

（3）防静电接地线的安装，与设备、机组、储罐等固定接地端子或螺栓连接，连接螺栓不应小于 M10，并有防松装置和涂以电力复合脂。

（4）当金属法兰采用金属螺栓或卡子相紧固时，可不另装跨接线。安装前，应有两个及以上螺栓和卡子之间的接触面去锈和除油污，并加装防松螺母。

（5）容量 $50m^3$ 及以上的储罐，其接地点不小于 2 处，且接地点的间距不大于 30m，并在罐体底部周围对称与接地体连接，接地体连接成环形的闭合回路。

（6）易燃或可燃液体的浮动式储罐，在无防雷接地时，其罐顶与罐体之间采用铜软线作不少于两处跨接，其截面不小于 $50mm^2$，且其浮动式电气测量装置的电缆应引入储罐处将铠装、金属外壳可靠地与储罐连接。

（7）钢筋混凝土的储罐和储槽，沿其内壁敷设的防静电接地导体，与引入的金属管道及电缆的铠装、金属外壳连接，并引至罐、槽的外壁与接地体连接。

（8）非金属的管道（非导电的）、设备等，其外壁上缠绕的金属丝网、金属带等，紧贴其表面均匀地缠绕，并可靠接地。

（9）可燃粉尘的袋式集尘设备，织入袋体金属丝的接地端子接地。

（10）引入爆炸危险环境的金属管道、配线的钢管、电缆的铠装及金属外壳，均在危险区域的进口处接地。

# 第三章　电缆线路安装

## 第一节　一般规定

**1. 电缆及其附件到达现场后，应检查哪些内容？**

(1)产品的技术文件应齐全。

(2)电缆型号、规格、长度应符合订货要求。

(3)电缆外观不应受损，电缆封端应严密。当外观检查有怀疑时，应进行受潮判断或试验。

(4)附件部件应齐全，材质质量应符合产品技术要求。

(5)充油电缆的压力油箱、油管、阀门和压力表应符合产品技术要求且完好无损。

**2. 电缆及其有关材料的贮存有哪些要求？**

(1)电缆应集中分类存放，并应标明型号、电压、规格、长度。电缆盘之间应有通道。地基应坚实，当受条件限制时，盘下应加垫，存放处不得积水。

(2)电缆终端瓷套在贮存时，应有防止受机械损伤的措施。

(3)电缆附件的绝缘材料的防潮包装应密封良好，并应根据材料性能和保管要求贮存和保管。

（4）防火涂料、包带、堵料等防火材料，应根据材料性能和保管要求贮存和保管。

（5）电缆桥架应分类保管，不得因受力变形。

# 第二节　电缆（线）管加工及敷设

**1. 生产装置中常见的电缆敷设方式有哪些？**

直接埋地敷设、穿电缆导管敷设、沿桥架/槽板敷设、电缆沟内敷设、沿墙或构筑物支架明敷、架空敷设等方式。

**2. 电缆保护管配制时对管口有哪些要求？**

为避免电缆敷设时受到损伤，要求对电缆保护管口进行处理，管口应无毛刺和尖锐棱角，管口可做成喇叭型或加装护套。

**3. 电缆管加工有哪些要求？**

（1）金属管弯制需采用冷煨。管路尽量避免弯曲过多、过急，弯制后，不应有裂缝和显著凹瘪现象，弯扁程度不大于管子外径的10%，电缆管的弯曲半径不小于所穿入电缆最小允许弯曲半径。

（2）无防腐措施的金属保护管应在外表涂防腐漆或涂沥青，镀锌管锌层剥落处也应涂以防腐漆。

（3）用于电气设备、器具连接的金属、非金属柔性导管的长度，在动力工程中不大于0.8m，在照明工程中不大于1.2m。

**4. 电缆（线）管明敷设时有哪些要求？**

（1）每根电缆管的直角弯不应超过2个且电缆管的内径与电缆外径之比不得小于1.5；

（2）保护管应安装牢固，支持点间的距离一般不应超过3m；

（3）塑料管直线长度超过 30m 时，宜加装伸缩节。

### 5. 金属电缆管的连接可以直接对口熔焊吗？如不能，应怎样连接？

金属导管严禁对口熔焊连接。

金属导管埋地敷设时宜采用套管焊接的方式连接，套管长度宜为连接管外径的 2.2 倍，焊后在焊点前后 100mm 处做防腐处理。但镀锌和壁厚 ≤2mm 的钢导管不得套管熔焊。

### 6. 镀锌钢管明敷设时常用连接方式以及注意事项是什么？

镀锌钢管明敷时宜采用螺纹连接方式，螺纹连接处涂电力复合脂，有效丝扣应不少于 6 扣，外露 2~3 扣。

### 7. 硬质塑料电缆(线)管一般情况下怎样连接？

一般采用套接或插接，其插入深度宜为管子内径的 1.1~1.8 倍。在插接面上应涂以胶合剂粘牢密封；套接时套管两端采取封焊等密封措施。

### 8. 金属导管还需要做接地(PE)或接零(PEN)连接吗？如需要应如何连接？

金属导管必须接地或接零可靠。

当非镀锌钢导管采用螺纹连接时，连接处的两端焊跨接接地线；当镀锌钢管采用螺纹连接时，不得熔焊跨接线，用专用接地卡固定跨接接地线，连线为铜芯软导线且截面积不小于 $4mm^2$。

### 9. 电缆管埋地深度有哪些要求？

（1）电缆管埋设深度不宜小于最终地坪面 0.7m，过马路时埋深应不小于最终地坪面 1m。

（2）从电缆沟到邻近电气设备的 50mm 及以下保护管埋深不得小于 300mm。

（3）保护管连接时，管孔应对准，接缝应严密，不得有地下水和泥浆渗入。

### 10. 保护管至用电设备处以及进箱、盒时有哪些安装要求？

（1）电气保护管的中心应尽量与设备进线口保持一致，并根据进线口的高度和电缆截面的大小考虑保护管管口位置及引出地面高度，保护管出地面的高度不得小于 200mm，且不妨碍设备的检修通道，并列敷设的电缆管管口应排列整齐。

（2）室外导管的管口应设置在盒、箱内，在落地式配电箱内的管口，箱底无封板的，管口应高出基础面 50～80mm，所有管口在穿过电缆后应做密封处理。

（3）保护管安装后，应用木塞或布将管口封堵好，以防止杂物进入导致堵塞。

（4）长距离管路在敷设的同时应穿好穿线钢丝。

### 11. 安装电缆保护管有哪些要求？

（1）保护管的内径与电缆外径之比不得小于 1.5。

（2）每根电缆管的弯头不应超过 3 个，直角弯不应超过 2 个。弯制后，不应有裂缝和显著的凹瘪现象，其弯扁程度不宜大于管子外径的 10%；电缆管的弯曲半径不应小于所穿入电缆的最小允许弯曲半径；保护管的弯制角度应大于 90°。

（3）明敷电缆管应安装牢固，横平竖直，管口高度、弯曲弧度一致。支持点间距离不宜超过 3m。当塑料管的直线长度超过 30m 时，宜加装伸缩节；非金属类电缆管宜采用预制的支架固定，支架间距不宜超过 2m。

（4）直埋保护管埋设深度应大于 0.7m。

（5）引至设备的电缆管管口位置，应便于与设备连接并不妨碍设备拆装和进出。并列敷设的电缆管管口应排列整齐，高度一致。

（6）电缆管应有不小于 0.1% 的排水坡度。

# 第三节　电缆支架配制及安装

## 1. 桥架安装时要注意哪些常见质量问题？
（1）桥架到货后保管不善，发生变形、损伤、腐蚀等情况。
（2）桥架切割及开孔不使用冷切割方式，切割面不做处理。
（3）连接螺栓缺失，或螺栓、螺母的位置不正确。
（4）桥架接地不符合规范要求。
（5）支吊架间距不符合规范要求。

## 2. 电缆桥架的连接、固定有哪些注意事项？
电缆桥架在每个支吊架上都应牢固固定，桥架连接板的螺栓可靠紧固，且螺母应在桥架的外侧，避免划伤电缆。

当直线段钢制电缆桥架超过 30m、铝合金或玻璃钢制电缆桥架超过 15m 时，应有伸缩缝，其连接宜采用伸缩连接板；电缆桥架跨越建筑物变形缝处应设置补偿装置；桥架终点应加封板。

## 3. 电缆桥架、支架的安装有哪些观感质量要求？
电缆桥架、支架应安装牢固，横平竖直。各支架的同层横挡应在同一水平面上，高低偏差不应大于 5mm，托架支吊架沿桥架走向左右的偏差不应大于 10mm。

**4. 桥架隔板的安装有哪些要求？**

（1）低压电力电缆与控制电缆共用同一托盘或梯架时，以及高压电缆与低压电缆共用同一托盘或梯架时，相互间宜设置隔板，且隔板应低于桥架高度。

（2）不同种类电缆所占用的电缆桥架间隔宽度应符合设计要求，隔板采用专用卡件或连接螺栓进行固定。

（3）桥架隔板安装应在电缆敷设前完成。

（4）复合材料隔板应有屏蔽功能。

**5. 铝合金或不锈钢桥架可以直接固定在钢制支架上吗？**

不能。桥架与支架的接触面应该有防电化腐蚀的措施，如增加隔垫。

**6. 电缆沟开挖前有哪些准备工作？**

根据图纸确定电缆沟位置，了解地下状况，避免挖坏地下管道、电缆及其它设施，防止发生漏气、漏水、漏电事故。

**7. 电缆沟施工时，要注意哪些常见质量问题？**

（1）电缆沟内防水不佳或未作排水处理。

（2）穿外墙套管与外墙防水处理不当，导致室内进水。

（3）电缆沟内支托架未按工序要求进行放线确定固定点位置。

（4）用于安装固定支托架预埋的金属螺栓固定不牢。

（5）接地扁铁设置不符合规范。

**8. 电缆支架的加工应符合哪些要求？**

（1）钢材应平直，无明显扭曲。下料误差应在 5mm 范围内，切口应无卷边、毛刺。

（2）支架焊接应牢固，无显著变形。各横撑间的垂直净距与设计偏差不应大于5mm。

（3）金属电缆支架必须进行防腐处理。位于湿热、盐雾以及有化学腐蚀地区时，应做特殊防腐处理。

## 9. 电缆支架的层间允许最小距离是多少？

电缆支架的层间允许最小距离应符合表2-3-1规定。

表2-3-1　电缆支架的层间允许最小距离　　　　　　　mm

| 电缆类型和敷设特征 | | 支（吊）架 | 桥架 |
|---|---|---|---|
| 控制电缆明敷 | | 120 | 200 |
| 电力电缆明敷 | 10kV及以下（除6~10kV交联聚乙烯绝缘外） | 150~200 | 250 |
| | 6~10kV交联聚乙烯绝缘 | 200~250 | 300 |
| | 35kV单芯66kV及以上，每层1根 | 250 | 300 |
| | 35kV三芯66kV及以上，每层多于1根 | 300 | 350 |
| 电缆敷设于槽盒内 | | $h+80$ | $h+100$ |

注：$h$表示槽盒外壳高度。

## 10. 户外安装的电缆槽盒进入配电室时有哪些注意事项？

户外安装的电缆槽盒进入配电室应有"内高外低"不小于5‰的防水坡度；桥架穿过墙、楼板处时应通过坚固、平滑的洞口；电缆敷设完成后，还应根据工况环境对桥架出入口进行防火防爆封堵。

# 第四节　电缆敷设

## 1. 电缆敷设有哪些常见质量问题？

（1）桥架内电缆未整理、固定，固定间距不符合规范要求。

（2）未按规范要求对需要隔离的电缆进行分隔，电缆排列顺序不当。

（3）穿入电缆管的数量不符合要求，保护管尺寸选择不当。

（4）电缆弯曲半径不符合规范要求。

（5）电缆敷设时与其他管道、建筑物之间的距离不够。

（6）防火措施不到位等。

（7）未按规定进行挂牌标识。

## 2. 电缆敷设时对整理和标识有哪些要求？

电缆敷设时应排列整齐，不宜交叉，要有明显、清晰、牢固的标识。

在电缆终端头、电缆接头等处，应装设电缆标志牌，标志牌上注明编号、电缆型号、规格、长度及起终点。

## 3. 电缆在敷设前有哪些准备工作？

（1）检查电缆沟、电缆隧道、排管、交叉跨越管道及直埋电缆沟深度、宽度、弯曲半径等符合设计和规程要求。电缆通道畅通，排水良好。金属部分的防腐层完整。隧道内照明、通风符合设计要求。

（2）检查电缆型号、电压、规格应符合设计要求。

（3）检查电缆外观应无损伤，外护套有导电层的电缆，应进行外护套绝缘电阻试验并合格。

（4）充油电缆的油压不宜低于 0.15MPa；供油阀门应在开启位置，动作应灵活；压力表指示应无异常；所有管接头应无漏油；油样应试验合格。

（5）电缆放线架应放置稳定，钢轴的强度和长度应与电缆盘重量和宽度相配合，敷设电缆的机具应检查并调试正常，电缆盘应有可靠的制动措施。

(6)敷设前应按设计和实际路径计算每根电缆的长度，合理安排每盘电缆，减少电缆接头。中间接头位置应避免设置在交叉路口、建筑物门口、与其他管线交叉处或通道狭窄处。

(7)在带电区域内敷设电缆，应有可靠的安全措施。

(8)采用机械敷设电缆前牵引机和导向机构应调试完好。

**4. 电缆敷设时电缆盘上电缆引出方向有哪些要求？敷设时有哪些注意事项？**

电缆敷设时，电缆应从电缆盘的上端引出，不应使电缆在支架上与地面摩擦拖拉。

在施放过程中要随时检查电缆的外观，不得有电缆铠装压扁、绞拧、护层折裂和表面严重划伤等机械损伤。发现情况，及时检测处理。

**5. 一般使用哪些敷设机具敷设电缆？**

常使用电缆敷设机、配套传输机、各种型号的滑轮及牵引机等。

**6. 机械敷设电缆的常用牵引方式有哪些？**

机械敷设电缆的牵引方式一般有牵引头和钢丝网套两种方式。

牵引头牵引电缆是与电缆线芯固定在一起，受力者是线芯；采用钢丝网套时是电缆护套受力。

**7. 机械牵引电缆时需加装什么装置？**

应在牵引头或钢丝网套与牵引钢缆之间装设防捻器。

**8. 机械方式敷设电缆时为什么要控制速度？**

机械化敷设电缆速度过快会出现多种问题，如电缆容易脱出滑轮、侧压力过大损伤电缆、拉力过大超过允许牵引强度。

## 9. 采用机械敷设电缆时需要怎样控制速度？

不宜超过 15m/min。

110kV 及以上电缆或复杂路径敷设时，速度还要适当放慢并且转弯处的侧压力应符合制造厂规定，无规定时侧压力不应大于 3kN/m。

## 10. 电缆保护管穿线时作业人员有哪些注意事项？

穿线前应将管中的积水、毛刺、铁屑等杂物清除干净，必要时进行防腐处理。往管内穿线时，作业人员要偏离管口以免划伤面部和眼睛；拽线时不可用力过猛，防止摔跌受伤；穿线方向应从被套接管穿向套接管。

## 11. 电缆进入电缆沟、竖井、建筑物、盘柜及穿入管子时，需要做什么处理？

电缆穿入的出入口应封闭，管口应做密封处理。

## 12. 如遇热力管道或设备电缆应如何敷设？

电缆与热力管道、热力设备之间的净距，平行时不应小于 1m，交叉时不应小于 0.5m。

当受条件限制时，应采取隔热保护措施；电缆不宜平行敷设于热力设备和管道的上部。

## 13. 交流单芯电缆穿管敷设时有哪些特殊要求？

交流系统的单芯电缆不得单独穿入钢管内，避免电磁感应在钢管中产生损耗。

## 14. 直埋电缆埋设深度有哪些要求？

电缆表面距地面的距离不应小于 0.7m。

穿越农田或车行道下敷设时不应小于 1m；引入建筑物时可浅埋，但应采取保护措施。

**15. 直埋电缆敷设后、回填前有哪些保护措施?**

直埋电缆上、下部应铺以不小于 100mm 厚的软土或沙层,并加盖保护板,其覆盖宽度应超过敷设电缆两侧各 50mm,保护板可采用混凝土盖板或砖块。

**16. 不同电压等级的电缆在电缆沟支架上敷设时有哪些要求?**

不同电压等级电缆在电缆沟支架上敷设时,高电压等级电力电缆敷设在最高层支架上,低压电力电缆依次敷设在下面,再下层敷设控制电缆,最底层为信号电缆、计算机电缆,禁止交叉不分类别乱放。

如两侧装设电缆支架,电力电缆与控制电缆应分别装在两侧支架上。

**17. 电缆穿入配电柜、控制屏柜时的固定有哪些要求?**

进入电气盘、柜后的电缆配线须排列整齐,用尼龙带绑扎成束或敷于专用线槽内,并卡固在板后或柜内安装架处,配线应留适当长度。

导线穿过铁制安装孔、面板时要加装橡皮或塑料护套。

**18. 直埋电缆宜在哪些位置设置标识?**

直埋电缆在直线段每隔 50~100m 处、电缆接头处、转弯处、进入建筑物等处,应设置明显的方位标志或标桩。

**19. 电缆挂牌有哪些要求?**

(1)生产厂房及变电站内应在电缆终端头、接头处装设电缆标志牌。

(2)城市电网电缆线路应在下列部位挂牌:电缆终端及电缆接头处;电缆管两端、人孔及工作井处;电缆隧道内转弯处、电缆分支处、直线段每隔 50～100m 处。

(3)标志牌上应注明线路编号，无编号时写明电缆型号、规格及起止地点，并联使用的电缆应有顺序号，字迹清晰不易脱落。

(4)标志牌规格统一，能防腐，挂装牢固。

## 20. 电缆支持点间的距离有哪些要求？

当设计无特定要求时，不同材质、不同电压等级的电缆敷设其支持点间距不同。

(1)对于电力电缆，全塑型水平间距不大于 400mm，垂直间距不大于 1000mm；全塑型外的中低压电缆水平间距不大于 800mm，垂直间距不大于 1500mm；35kV 及以上的高压电缆水平支持点间距不大于 1500mm，垂直间距不大于 2000mm。但全塑型电力电缆水平敷设沿支架能把电缆固定时，支持点间的距离允许为 800mm。

(2)对于控制电缆，敷设时一般水平支持点间距不大于 800 mm，垂直间距不大于 1000mm。

## 21. 施工中常见的控制电缆和塑料绝缘电缆敷设时最小弯曲半径是多少？

一般控制电缆、非铠装和屏蔽软电缆最小弯曲半径不小于 $6D$，铠装或铜屏蔽型不小于 $12D$，其他型号控制电缆不小于 $10D$。

塑料绝缘电缆分为多芯和单芯，多芯无铠装型弯曲半径不小于 $15D$，多芯有铠型电缆弯曲半径不小于 $12D$；单芯无铠电缆弯曲半径不小于 $20D$，单芯铠装电缆不小于 $15D$（$D$ 为电缆外径）。

## 22. 电缆在切断后应做哪些保护措施？

(1)油浸纸绝缘电力电缆在切断后应将端头立即铅封。

（2）塑料绝缘电缆在切断后应有可靠的防潮封端。

（3）充油电缆切断后在任何情况下，充油电缆的任一段都应有压力油箱保持油压。

（4）充油电缆连接油管路时，应排除管内空气。

（5）充油电缆的切断处必须高于邻近两侧的电缆。

（6）充油电缆在切断时不应有金属屑及污物进入电缆。

### 23. 电缆敷设时允许作业的最低温度是多少？

电缆敷设针对不同型号规格对温度有不同要求，安装时要参照电缆产品技术说明书。如电缆技术文件无具体要求，一般塑料绝缘电力电缆允许敷设的最低温度为0℃。

控制电缆分为不同型号，耐寒护套电缆允许敷设的最低温度为 -20℃，橡皮绝缘聚氯乙烯护套电缆为 -15℃，聚氯乙烯绝缘聚氯乙烯护套电缆为 -10℃。

### 24. 电缆的固定应符合哪些要求？

（1）垂直敷设或超过45°倾斜敷设的电缆在每个支架上加以固定。

（2）水平敷设的电缆，在电缆首末两端及转弯、电缆接头的两端处固定；当对电缆间距有要求时，每隔 5 ~ 10m 处固定。

（3）单芯电缆的固定应符合设计要求。

（4）交流系统的单芯电缆或分相后的分相铅套电缆的固定夹具不应构成闭合磁路。

### 25. 电缆之间，电缆与其他管道、道路、建筑物等之间平行和交叉时的最小净距是多少？

最小净距应符合表2-3-2的规定。

表 2-3-2　电缆之间，电缆与管道、道路、建筑物之间平行
和交叉时的最小净距　　　　　　　　　　　　m

| 项目 | | 最小净距 | |
| --- | --- | --- | --- |
| | | 平行 | 交叉 |
| 电力电缆间及其与控制电缆间 | 10kV 及以下 | 0.10 | 0.50 |
| | 10kV 以上 | 0.25 | 0.50 |
| 控制电缆间 | | — | 0.50 |
| 不同使用部门的电缆沟 | | 0.50 | 0.50 |
| 热管道(管沟)及热力设备 | | 2.00 | 0.50 |
| 油管道(管沟) | | 1.00 | 0.50 |
| 可燃气体及易燃液体管道(沟) | | 1.00 | 0.50 |
| 其他管道(管沟) | | 0.50 | 0.50 |
| 公路 | | 1.50 | 1.00 |
| 城市街道路面 | | 1.00 | 0.70 |
| 杆基础(边线) | | 1.00 | — |
| 建筑物基础(边线) | | 0.60 | — |
| 排水沟 | | 1.00 | 0.50 |

注：1. 电缆与公路平行的净距，当情况特殊时可酌减。

　　2. 当电缆穿管或者其他管道保温层等防护设施时，表中净距应从管壁或防护设施的外壁算起。

　　3. 电缆穿管敷设时，与公路、街道路面、杆塔基础、建筑物基础、排水沟等的平行最小间距可按表中数据减半。

## 26. 电缆在支架上敷设时有哪些要求？

（1）控制电缆在普通支架上，不宜超过 1 层，桥架上不宜超

过 3 层。

(2)交流三芯电力电缆在普通支架上不宜超过 1 层，桥架上不宜超过 2 层。

(3)交流单芯电力电缆，应布置在同侧支架上，并加以固定。当按照正三角形排列时，应每隔一定的距离用绑带扎牢，以免其松散。

### 27. 架空电缆与公路、铁路、架空线路交叉跨越时最小允许距离是多少？

架空电缆常规施工时可能与铁路、公路等设施交叉跨越，不同设施的最小允许距离不同。

与铁路交叉不小于 7.5m，与公路交叉不小于 6m，与弱电流线路交叉不小于 1m。

## 第五节　电缆终端和接头制作

### 1. 在室外制作中、高压电缆终端与接头时，对环境和温度有哪些要求？

在室外制作 6kV 及以上电缆终端与接头时，其空气相对湿度宜为 70% 及以下，当湿度大时，可加热电缆。110kV 及以上高压电缆终端与接头施工时，环境湿度应严格控制，温度宜为 10 ~ 30℃。

制作塑料绝缘电力电缆终端或接头时，应防止尘埃、杂物落入绝缘内。

严禁在雾或雨中施工。

**2. 中、高压交联聚乙烯电缆热缩头制作时需用的主要工具、材料有哪些？**

主要工具有锤子、剖铅刀、手锯、电烙铁、压接钳、喷枪或喷灯、电工常用工具、锉刀、钢卷尺。

主要材料有热缩应力管、过渡密封管、密封胶、导电漆、分支手套、应力疏散胶、接线端子、硅脂、接地线、聚氯乙烯带、卡子、焊锡、砂纸等。

**3. 制作中、高压交联聚乙烯电缆热缩终端头主要工序是什么？**

（1）剥除外护套、钢铠、内护套及填料。

（2）焊接地线。

（3）安装分支手套。

（4）剥除铜屏蔽层及外半导电层。

（5）安装接线端子、清洁主绝缘、包应力疏散胶或涂导电漆。

（6）安装应力控制管。

（7）安装绝缘管。

（8）标相色，安装防雨裙。

**4. 制作热塑电缆终端、中间头时常见的制作缺陷有哪些？**

（1）电缆头的保护地线未按规范要求安装。

（2）安装高低压柜内电缆头时，随意用铅丝或导线捆绑，固定不牢。

（3）电缆头制作剥除外护层时，损伤相邻的绝缘层。

（4）热塑管加热收缩时，未掌握好操作技术，出现气泡或开裂。

### 5. 制作电缆头剥除绝缘层时，怎样防止损伤芯线？

(1)剥切导线的绝缘层时，应采用专用剥线钳。

(2)使用电工刀剥切绝缘层时，控制力度，刀刃要以斜角剥切，禁忌直角切割。

(3)用钢丝钳剥切时，拿钳不要用力过大，根据导线绝缘层直径正确选用钳口来夹绝缘层。

### 6. 加热收缩电缆热塑管件时应如何操作？

(1)应注意温度控制在 110～120℃ 之间。

(2)火焰缓慢接近被加热材料，在其周围不停移动，保证收缩均匀。

(3)将火焰烟炭沉积物去除，使各种界面接触良好。

(4)收缩完的部位光滑，内部结构轮廓清晰，密封部位挤出少量胶，表明密封良好。

### 7. 电力电缆接地线的选用有哪些要求？

电力电缆接地线应采用铜绞线或镀锡铜编织线，铠装及屏蔽电缆的接地线截面积可查询规范相关要求。

### 8. 电缆芯线与接线端子的压接有哪些技术要求？

在接线端子与电缆芯线插装之前，要求裸露导线光洁无非导电物和异物，冷压端子内部清洁。电缆线芯连接金具，应采用符合标准的连接端子，其内径应与电缆芯线紧密结合，间隙不应过大；截面宜为线芯截面的 1.2～1.5 倍；压接时，压接钳和模具应符合电缆连接管规格要求。

### 9. 电力电缆接头的布置应符合哪些要求？

(1)并列敷设的电缆，其接头的位置宜相互错开。

(2)电缆明敷时的接头，应用托板托置固定。

（3）直埋电缆接头应有防止机械损伤的保护结构或外设保护盒。位于冻土层内的保护盒，盒内宜注入沥青。

# 第六节　电缆的防火和阻燃

**1. 电缆施工有哪些防火、阻燃措施？**

（1）在电缆穿过竖井、墙壁、楼板或进入电气盘、柜的孔洞处，用防火堵料密实封堵。

（2）在电力电缆接头两侧及相邻电缆 2～3m 长的区段加装防火涂料或防火包带。

（3）对重要回路的电缆，可单独敷设于专门的沟道中或耐火封闭槽盒内，或对其施加防火涂料、防火包带。

（4）改、扩建工程施工中，对于贯穿已运行的电缆孔洞、阻火墙，应及时恢复封堵。

（5）在封堵电缆孔洞时，封堵应严实可靠，不应有明显的裂缝和可见的孔隙，孔洞较大者应加耐火衬板后再进行封堵。

（6）阻火墙上的防火门应严密，孔洞应封堵；阻火墙两侧电缆应施加防火包带或涂料；阻火包的堆砌应密实，外观整齐，不应透光。

# 第七节　爆炸危险环境内电缆线路安装

**1. 在爆炸危险环境中电缆或导线的终端连接有哪些要求？**

在爆炸危险环境中当电缆或导线的终端连接时，电缆内部的导线如果为绞线，其终端应采用定型端子或接线鼻子进行连接。

铝芯绝缘导线或电缆的连接与封端应采用压接、熔接或钎焊，当与设备(照明灯具除外)连接时，应采用铜—铝过渡接头。

## 2. 在爆炸危险环境中电缆线路安装常见的质量问题有哪些?

(1)电缆通过不同环境留下的通道孔洞隔离封堵不严密。

(2)保护管两端的管口，没有按要求使用非燃性纤维和密封胶泥封堵。

(3)防爆电气设备、接线盒的进线口引入电缆后的防爆密封不符合要求。

## 3. 防爆电气设备的进线口，引入电缆、导线后有哪些密封要求?

(1)当电缆外护套需要穿过弹性密封圈或密封填料时，应被弹性密封圈挤紧或被密封填料封固。

(2)外径等于或大于 20mm 的电缆，在隔离密封处组装防止电缆拔脱的组件时，应在电缆被拧紧或封固后，再拧紧固定电缆的螺栓。

(3)装置内的弹性密封圈的一个孔只能密封一根电缆，被密封的电缆断面应近似圆形；弹性密封圈及金属垫应与电缆外径匹配，其密封圈内径与电缆外径允许差值为 ±1mm；弹性密封圈压紧后，应能将电缆沿圆周均匀地被挤紧。

(4)电缆采用金属密封环引入时，贯通引入装置的电缆表面应清洁干燥，涂有防腐层时清除干净再敷设；与设备引入装置相连接的电缆保护管应严密封堵。

## 4. 电缆线路穿过不同危险区域时应采取哪些隔离措施？

（1）在两级区域交界处的电缆沟内，应采取充砂、填阻火堵料或加设防火隔墙。

（2）电缆通过与相邻区域共用的隔墙、楼板、地面及易受机械损伤处，均应加以保护。留下的孔洞应堵塞严密。

（3）在保护管两端的管口处应将电缆周围用非燃性纤维堵塞严密，再堵塞密封胶泥，密封胶泥堵塞深度不得小于管子内径且不得小于40mm。

# 第八节　光缆敷设

## 1. 光缆安装时允许的最小弯曲半径是多少？

应符合表2-3-3的要求。

表2-3-3　光纤最小弯曲半径

| 光缆外护层形式 | 无外护层光缆 | 有外护层光缆 |
| --- | --- | --- |
| 就位时 | 10D | 15D |
| 敷设时 | 20D | 30D |

注：D为光缆外径

## 2. 光纤连接时一般使用哪些机具？

光纤连接应按照光缆熔接工艺规程进行操作，采用专用熔焊设备完成，一般熔焊设备除熔接机外，有配套专用工具。

熔接完成后，使用光时域反射仪完成通断及性能测试。

## 3. 光缆敷设时有哪些注意事项？

光缆敷设时应严格控制光缆所受拉力和侧压力，严格控制光缆的弯曲半径，施工中弯曲半径不得小于光缆允许的动态弯曲半径，注意拐弯处不能折成≤90°的角，以免造成纤芯损伤；光缆两头要制作标记；布线中不应有硬物撞击和重物挤压。

光缆穿管或分段施放时应严格控制光缆扭曲，必要时宜采用倒"8"字方法，使光缆始终处于无扭状态，以去除扭绞应力，确保光缆的使用寿命。

### 4. 光缆熔接有哪些注意事项？

光纤熔接是光纤施工中重要的一环，要选择合适的光纤熔接机及测试仪器。

要由专业的有经验的操作人员，进行精细熔接。

光缆接续前应剪去一段长度，确保接续部分没有受到机械损伤。

### 5. 光缆接续施工完成后需做哪些测试？

光缆接续完成后进行的测试项目主要包括光纤特性的测量、电特性的测量和绝缘特性的测量。可以测试出光纤断点的位置、光纤链路的全程损耗，了解沿光纤长度的损耗分布、光纤接续点的接头损耗等。

# 第四章　电气照明安装

## 第一节　灯具安装、接线

**1. 变配电所内安装灯具时有哪些注意事项？**

变电所内，高低压配电设备及裸母线的正上方不应安装灯具，灯具与裸母线的水平净距不应小于1m。

**2. 露天安装的灯具有哪些特殊要求？**

露天安装的灯具及其附件、紧固件、底座和与其相连的导管、接线盒等应有防腐蚀和防水措施。

**3. 照明灯具的安装高度有哪些要求？**

(1)当设计无要求时，一般敞开式灯具，灯头对地面距离不小于下列数值：

室外2.5m(室外墙上安装)、厂房2.5m、室内2m、软吊线带升降器的灯具在吊线展开后0.8m。

(2)危险性较大及特殊危险场所，当灯具距地面高度小于2.4m时，使用额定电压为36V及以下的照明灯具，或有专用保护措施。

**4. 防爆区域照明器具安装有哪些技术要求？**

(1)灯具的种类、型号和功率，应符合设计和产品技术条件的要求，不得随意变更。

（2）螺旋式灯泡应旋紧，接触良好，不得松动。

（3）灯具外罩齐全，螺栓应紧固。

### 5. 悬吊式灯具安装有哪些要求?

（1）带升降器的软线吊灯在吊线展开后，灯具下沿应高于工作台面0.3m。

（2）质量大于0.5kg的软线吊灯，应增设吊链（绳）。

（3）质量大于3kg的悬吊灯具，应固定在吊钩上，吊钩的圆钢直径不应小于灯具挂销直径且不应小于6mm。

（4）采用钢管作灯具吊杆时，钢管应有防腐措施，其内径不应小于10mm，壁厚不应小于1.5mm。

### 6. 嵌入式灯具安装有哪些要求?

（1）灯具的边框应紧贴安装面。

（2）多边形灯具应固定在专设的框架或专用吊链（杆）上，固定用的螺钉不应小于4个。

（3）接线盒引向灯具的电线应采用导管保护，电线不得裸露；导管与灯具壳体应采用专用接头连接。当采用金属软管时，其长度不宜大于1.2m。

### 7. 庭院灯、建筑物附属路灯、广场高杆灯安装有哪些要求?

（1）灯具与基础应固定可靠，地脚螺栓应有防松措施；灯具接线盒盒盖防水密封垫齐全、完整。

（2）每套灯具应在相线上装设相配套的保护装置。

（3）灯杆的检修门应有防水措施，并设置需使用专用工具开启的闭锁防盗装置。

## 8. 高压汞灯、高压钠灯、金属卤化物灯安装有哪些要求?

(1)光源及附件必须与镇流器、触发器和限流器配套使用。触发器与灯具本体的距离应符合产品技术文件要求。

(2)灯具的额定电压、支架形式和安装方式应符合设计要求。

(3)电源线应经接线柱连接,不应使电源线靠近灯具表面。

## 9. 在线槽或封闭插接式照明母线下方安装灯具时有哪些要求?

(1)灯具与线槽或封闭插接式照明母线连接应采用专用固定件,固定应可靠。

(2)线槽或封闭插接式照明母线应带有插接灯具用的电源插座;电源插座宜设置在线槽或封闭插接式照明母线的侧面。

## 10. 应急照明灯具安装有哪些要求?

(1)应急照明灯具必须是经消防检测中心检测合格的产品。

(2)安全出口标志灯应设置在疏散方向的里侧上方,灯具底边宜在门框(套)上方 0.2m。地面上的疏散指示标志灯,应有防止被重物或外力损坏的措施。当厅室面积较大,疏散指示标志灯无法装设在墙面上时,宜装设在顶棚下且距地面高度不宜大于 2.5m。

(3)疏散照明灯投入使用后,应检查灯具始终处于点亮状态。

(4)应急照明灯回路应符合防火分区设置要求。

(5)应急照明灯具安装完毕,检验灯具电源转换时间应符合规范要求,应急照明持续时间应符合设计要求。

## 11. 航空障碍标志灯安装有哪些要求?

(1)灯具安装牢固可靠,且应设置维修和更换光源的设施。

(2)灯具安装在屋面接闪器保护范围外时，应设置避雷针，并与屋面接闪器可靠连接。

(3)当灯具在烟囱顶上安装时，应安装在低于烟囱口 1.5～3m 的部位且呈正三角形水平布置。

## 12. 照明系统中，管穿导线应遵循什么原则？

同一管内的导线应一次穿入，管内导线总面积不应超过管内径面积的 40%。

## 13. 灯具的线芯截面应怎样选择？

引向单个灯具的电线线芯截面积应与灯具功率匹配，最小允许截面积不应小于 $1mm^2$。

## 14. 照明接线一般采用什么连接方式？可以在保护管内进行连接吗？

照明线路接线宜采用压接法、挂锡法、螺柱法接线。

接线位置不允许在保护管内，应在接线箱、盒或灯具内进行。

## 15. 灯具的灯头及接线应符合哪些规定？

(1)灯头绝缘外壳不应有破损或裂纹等缺陷；带开关的灯头、开关手柄不应有裸露的金属部分；

(2)连接吊灯灯头的软线做保护扣，两端芯线应搪锡压线；当采用螺口灯头时，相线应接于灯头中间触点的端子上。

## 16. 照明接线完成后，送电前还需要进行什么工作？

照明接线完毕，还要检查接线是否可靠牢固，测量回路的准确性，并用 500V 低压兆欧表测量回路绝缘电阻，电阻不低于 $0.5M\Omega$ 才可送电试运行。

**17. 因安装原因造成照明电路短路的常见因素有哪些？**

(1)多股导线未搪锡或未拧紧，压接不紧，有毛刺。

(2)相线、中性线压接松动、距离过近，遇到外力时，线路接触导致相间短路或相线与中性线短路。

(3)安装和使用环境存在大量导电尘埃，防尘措施不当。

**18. 查找照明电路中的短路故障点有哪些常用方法？**

查找短路故障一般采用分支路、分段与重点部位相结合的方法，可利用试灯进行检查。

# 第二节　插座、开关安装

**1. 插座接线有哪些要求？**

首先要保证接线牢固、回路正确。其次为避免维修不便，避免发生用电设备烧毁或误接触事故，插座接线必须符合以下规定：

(1)单相两孔插座，面对插座右孔或上孔接相线，左孔或下孔接零线；单相三孔插座，面对插座右孔接相线，左孔接零线。

(2)三相四孔及三相五孔插座的接地或接零线接在上孔，插座的接地端子应与零线端子分开。

**2. 开关、插座的接线端子处相线、零线、保护地线可以采用串接方式吗？为什么？**

不能。

因为如果串接接线，一旦有一处松动就会影响其他线路的使用，也会影响安全用电。因此回路中的各种导线连接，均不得以套装方式在开关、插座的接线端子处连接其他支路。

### 3. 如无特殊要求，一般开关安装位置怎样确定？

开关安装的位置应便于操作，开关边缘距门框的距离宜为 0.15~0.2m，距地面高度宜为 1.3m。

### 4. 如无特殊要求，一般插座的安装位置怎样确定？

一般明装插座安装高度为距地面 1.8m，暗装插座为 0.3m。

# 第三节　照明配电箱、盒安装

### 1. 照明保护管进入落地式配电箱时应怎样布设？

进入落地式配电箱的线缆保护管，排列应整齐，管口宜高出配电箱基础面 50~80mm。

### 2. 照明配电箱内零线和保护地线可以直接连接吗？

不能。照明配电箱内，分别设置零线和保护地线汇流排，零线和保护地线应在汇流排上连接，不得绞接。

### 3. 暗埋照明箱、盒的安装有哪些要求？

(1)统一安装高度，土建施工时积极配合，按照标定标高埋入暗埋箱、盒等，并做好固定，避免土建施工时移动或破坏。

(2)箱、盒上开孔，铁制品必须用专用冲孔器开孔，木制品用木钻。

(3)管路在墙内埋设时，埋设深度与建筑物、构筑物表面距离不得小于 15mm，不应紧靠墙边敷设，不得紧靠砖墙抹面层覆盖。

(4)开关和插座的暗配接线盒端面应凸出砖砌墙面 10mm 左

右，防止抹面后接线盒凹入墙面过深。

（5）暗配开关盒、插座、照明箱等中心高度应符合设计规定，相邻开关插座的安装高低偏差不大于1mm，同一房间内开关插座的安装高低差不应大于5mm。

### 4. 照明安装中涉及观感质量的常见问题有哪些?

（1）应成排、成列安装的灯具偏差超出规范要求，房间内灯具安装不在中心位置。

（2）开关、插座安装高度不统一，高度差超出规范要求。

（3）开关的通断位置不一致。

（4）暗埋的箱、盒歪斜、高度不一致。

# 第五章　电力变压器

## 1. 常用的变压器有哪些种类?

变压器根据其用途、结构、相数、冷却方式、调压方式、中性点绝缘水平的不同情况，分类如下:

(1)按用途分有电力变压器、试验变压器、测量变压器(电压、电流互感器)、调压器、特种变压器(电炉变压器、整流变压器、电焊变压器、控制变压器、冲击变压器)。

(2)按绕组结构分有双绕组变压器、三绕组变压器、自耦变压器。

(3)按铁芯结构分有芯式变压器和壳式变压器。

(4)按相数分有单相变压器、三相变压器、多相变压器。

(5)按冷却方式分有油浸变压器(油浸自冷、油浸风冷、油浸水冷、强迫油循环风冷、强迫油循环水冷)、干式变压器和充气式变压器。

(6)按调压方式分有无励磁(无载)调压变压器、有载调压变压器;

(7)按中性点绝缘水平分为全绝缘变压器和半绝缘变压器。

## 2. 以 S9－1000/10 为例说明电力变压器型号的标示意义?

"－"前字母加数字 S9 为产品系列号，S9 系列产品为三相油浸式双线圈变压器。

"－"后面分子数为变压器额定容量，单位为（kVA），分母数为高压线圈电压等级，单位为（kV）。此变压器额定容量1000kVA，电压等级为10kV。

### 3. 安装变压器需要的主要施工机械设备有哪些？

（1）起重运输设备，如吊车、平板车及其他一些起重运输机具，这些设备的规格型号可根据变压器的容量大小、起重运输的距离等实际情况而定。

（2）变压器安装找正、固定用工具，如水平尺、电焊机和常用电工工具。

（3）用于处理变压器油的机具。

（4）变压器试验用设备和仪表。

### 4. 变压器到达现场需要做哪些外观检查？

（1）油箱及所有附件齐全，无生锈及机械损伤，密封良好。

（2）油箱箱盖或钟罩法兰及封板的连接螺栓齐全、紧固，无渗漏。浸入油中运输的附件，油箱无渗漏。

（3）充油套管的油位正常，无渗漏，瓷体无损伤。

（4）充气运输的变压器、电抗器，油箱内为正压，其压力为0.01～0.03MPa。

（5）装有冲击记录仪的设备，检查并记录设备在运输和装卸中的受冲击情况。

### 5. 变压器到达现场后，怎样保管？

与本体连接在一起的附件不可拆下，本体、冷却装置等其底部要垫高、垫平，不得水淹。

干式变压器放在干燥的室内，所有元器件及附件都应密封放置在干燥的室内。

### 6. 变压器基础安装有哪些注意事项?

一般情况下,变压器安装场所的环境不宜选择在平时湿度、温度较高的场所及持续高温的场所或通风不良的室内。对盐碱和腐蚀性气体等处所必须采取防护措施。

安装小型变压器时,其基础可为不加钢筋的混凝土层,其高度不应小于30cm;中型变压器宜采用埋入建筑结构地面内的螺栓固定。小型变压器本身不能固定到地面上,为了防止地震时倾倒,应用防止移动的卡具固定。

变压器基础上的轨梁安装,要按不同的变压器的轨距固定,基础轨距和变压器轨距应吻合。轨梁端部距墙的最小尺寸为600mm,距门的最小尺寸为800mm。变压器轨道应接地,一般接地扁钢焊在预埋铁件上。

### 7. 变压器就位前如何进行基础验收?

变压器基础验收要注意基础的中心与标高应符合工程设计要求,轨距与变压器轮距吻合。具体要求:轨道水平误差不超过±5mm;实际轨距不应小于设计轨距,误差不超过±5mm;轨面对设计标高的误差不超过±5mm。

### 8. 变压器安装对安装场地有哪些要求?

(1)变压器室屋顶、楼板、门窗等已施工验收完毕。

(2)室内地面的基层施工完毕,在墙上标出地面标高。

(3)混凝土基础及构架达到允许安装的强度,焊接构件质量合格。

(4)预埋件及预留孔符合设计,安装牢固。

(5)模板及其他专业施工设施拆除,场地清理,道路畅通。

### 9. 变压器吊装点在什么部位?

变压器吊装时,钢丝绳必须系在油箱的吊钩上。

变压器顶盖上端的吊环只可作吊芯用，不得用此吊环吊装整台变压器。

### 10. 用千斤顶协助安装变压器时，放置位置有哪些注意事项？

用千斤顶顶升大型变压器时，应将千斤顶放置在油箱千斤顶支架部位，升降操作应使各点受力均匀，并及时垫好垫块。

### 11. 室内变压器卸车后，一般采用什么方式就位？

室内安装的变压器，卸车后不可直接吊至变压器基础上，应先放在室外预先用枕木搭好的与变压器基础等高的平台上，平台一般放有 3~4 根 φ80 以上厚壁钢管滚杠，用撬棍撬动变压器至其基础上，用千斤顶顶起变压器取出滚杠。

当撬动困难时，可用倒链牵引使变压器移动。

### 12. 变压器怎样就位与固定？

(1)对干式变压器的水平移动，使用千斤顶的方法，将千斤顶顶在木方上抵住干式变压器的底座钢梁，进行水平方向移动找正，不要顶在变压器的外壳上，防止将变压器外壳顶变形；竖向采用撬杠将变压器撬起，或倒链拉起再加垫铁找平。

(2)变压器稳装找正时用线坠、水平尺测量法测量垂直度和水平度，反复找正之后，再用经纬仪校正确定水平度、垂直度，满足规范要求后再将变压器固定。装有气体继电器的油浸式变压器，应有 1%~1.5% 的升高坡度。

(3)变压器固定的方法视基础型钢及预埋板的情况来选择，可焊接顶板固定，也可螺栓固定。对油浸变压器找正时，不能用千斤顶顶在油管上移动变压器，应顶在变压器的底座底梁上，变压器的固定采用螺栓固定，防振动采用止动板、禁锢件、螺栓卡固定底梁于基础型钢上，卡栓固定死防止变压器移动，做变压器的防震措施。

(4)变压器窄面向室内推进时,一般油枕朝外,宽面向室内推进时,低压侧一般应朝外,在装有操作开关的情况时,操作方向必须留有 1.2m 以上的操作宽度。

### 13. 变压器就位固定后一般要进行哪些部位的接地?

变压器的接地有三个位置,即变压器外壳的保护接地、低压侧中性点的工作接地和避雷器下端的防雷接地。

这三个位置的接地线须单独设置,且三者之间必须要有金属联结,即所谓的"三位一体"接地。

### 14. 变压器安装本体位置检查有哪些项目?

(1)变压器基础的轨道应水平,轮距与轨距配合。

(2)与封闭母线连接时,低压套管中心线应与封闭母线安装中心线相符。

厂家有要求时,装有气体继电器的变压器顶盖沿继电器的气流方向应有 1% ~1.5% 的升高坡度。

### 15. 变压器安装接地检查有哪些项目?

(1)检查变压器中性接地线连接牢固。

(2)接地引下线与箱体散热管的绝缘。

(3)变压器底座铁板,每条一点,应有两点可靠接地。

### 16. 变压器有哪些主要部件?

(1)器身:包括铁芯、绕组、绝缘部件及引线。

(2)调压装置:即分接开关,分为无励磁调压和有载调压。

(3)油箱及冷却装置。

(4)保护装置:包括储油柜、安全气道、吸湿器、气体继电器、净油器和测温装置等。

(5)绝缘套管。

## 17. 油浸式变压器包括哪些附件安装?

呼吸器的安装、气体继电器的安装、温度计的安装。

## 18. 变压器套管的作用是什么? 有哪些要求?

变压器套管的作用是将变压器内部高、低压引线引到油箱外部，不但作为引线对地绝缘，而且担负着固定引线的作用，变压器套管是变压器载流元件之一，在变压器运行中长期通过负载电流，当变压器外部发生短路时通过短路电流。

对变压器套管的要求：必须具有规定的电气强度和足够的机械强度；必须具有良好的热稳定性，并能承受短路时的瞬间过热；外形小、质量小、密封性能好、通用性强和便于维修。

## 19. 变压器的油箱和冷却装置有什么作用?

变压器的油箱是变压器的外壳，内装铁芯、绕组和变压器油，同时起一定的散热作用。变压器冷却装置的作用是，当变压器上层油温产生温差时，通过散热器形成油循环，使油经散热器冷却后流回油箱，有降低变压器油温的作用。

为提高冷却效果，可采用风冷、强油风冷或强油水冷等措施。

## 20. 变压器油的作用是什么?

变压器油在变压器中的作用是绝缘、冷却，在有载开关中用于熄弧。

## 21. 怎样清洗变压器油箱及附件?

可用铲刀和钢丝刷将表面的油泥和锈除去，再用加热的磷酸三钠溶液进行洗刷，最后用清水冲净。也可将油箱等附件放在水箱内，用浓度2%～5%的氢氧化钠溶液加热浸煮数小时，然后用清水冲净。

**22. 在低温度的环境中，变压器油牌号使用不当会产生什么后果？**

变压器停用时，油可能发生凝固而失去流动性，如果立即投入运行，热量散发不出去，将威胁变压器安全运行。

**23. 变压器安装进行滤油、注油工作时需要准备好哪些设备和工机具？**

滤油设备一般使用真空滤油机或压力式滤油机，配备足够长度的油管；存放新旧变压器油需要一定容量的专用油罐 2 座以上，油罐总容量至少超过一台变压器的总油量；变压器采用真空注油时，需真空泵 1~2 台。

此外需准备油盘、油桶、手摇泵和其他常用工具。

**24. 变压器注油时有哪些注意事项？**

(1)注油之前，变压器油应检验合格。

(2)应尽量把变压器中的余油放光，以免新油质量下降。

(3)在给变压器注油时，禁止将尘埃、水分、潮气和其他污物通过油混入变压器中。

(4)变压器主体在注油时，应处于真空状态，防止潮气对线圈的侵蚀。

(5)注油设备应选真空净油机，禁止直接用齿轮油泵给变压器注油。

(6)注入变压器的油最好与原设备里的油是同一牌号的新油或运行油，其各项指标应符合标准。

(7)注油过程中应控制流油速度，有利于油中的气泡充分与油分离，并及时排放；

(8)必须有专人监视油位，并做好相应的排气准备。

## 25. 变压器注油时对油枕有哪些要求？

变压器的油枕一般由油位计、呼吸器、集污盒、注油孔、端盖、连接法兰、阀门等组成。油枕上油位计的玻璃管应完好无损，其油标线应擦拭明亮干净，阀门关闭应严密。

检修时应拆下端盖，打开阀门，用合格的变压器油冲洗其内部，特别应将积污盒内的污垢清洗干净，检查维修油位计保证油位显示正常。

## 26. 对变压器注入油有哪些要求？

绝缘油必须按现行国家标准的规定试验合格后才可注入变压器、电抗器中；

不同牌号的绝缘油或同牌号的新油与运行过的油混合使用前，必须做混油试验；新安装的变压器不应使用混合油。

## 27. 变压器油为什么要进行过滤？

过滤的目的是除去油中的水分和杂质，提高油的耐电强度，也可以在一定程度上提高油的物理、化学性能。

## 28. 变压器油箱带油焊漏时怎样防止火灾？

（1）补焊时补漏点应在油面以下 200mm，油箱内无油时不可施焊；

（2）不能长时间施焊，必要时可采用负压补焊；

（3）油箱易燃火花处应用铁板或其他耐热材料挡好，附近不能有易燃物，同时准备好消防器材。

## 29. 目前常用的油箱检漏方法主要有哪些？

（1）在油箱及各部件上涂撒白土，直接观察渗漏。

（2）在接缝处涂肥皂水，看是否起泡来判断。

（3）对小的油箱及散热器可充以压缩空气浸以水中试验。

(4)对于不能加压的焊件可在焊缝正面涂白土，背面涂煤油，观察 30min 看有无渗漏痕迹。

(5)压缩空气试验，主要以观察压力下降的速度来判断。

## 30. 油枕(储油柜)的作用是什么?

调节油量，保证变压器油箱内经常充满油；减小油和空气的接触面，防止油受潮或氧化速度过快。

## 31. 变压器油枕与防爆管之间为什么要用小管连接?

通气式防爆管如不与大气相通或用小管与油枕连接，则防爆管将是密封的，当油箱内的油因油温变化而膨胀或收缩时，可能造成防爆膜破裂或气体继电器误动作。

## 32. 呼吸器怎样安装?

首先要观察干燥剂是否受潮变质，干燥剂是由硅胶组成的，吸足了水分的硅胶由蓝色变成红色，红色的硅胶经烘烤后又可还原变回蓝色，可以重新使用。

安装时先卸掉呼吸管的封堵帽，将呼吸器装上，然后再拧下呼吸器底罩，装进一半底罩容积的变压器油，留出一半的空间，再将底罩拧上作底罩密封用，呼吸器与油枕的连接必须紧密，不得漏气，空气流过呼吸器应畅通。

## 33. 变压器有哪几种经常使用的干燥方法及加热方法?

干燥方法有：在普通烘房中干燥、在特制的真空罐内干燥、在变压器自身油箱中干燥。

加热方法有：外壳涡流加热、电阻加热、电阻远红外线加热、蒸汽加热、零序电流加热、热油循环加热、短路法加热等。

## 34. 大型变压器运输时为什么要充氮气，对充氮的变压器有哪些注意事项？

大型变压器由于质量过大，不能带油运输，因此要充入氮气，使器身不与空气接触，避免绝缘受潮。

充氮的变压器要注意经常保持氮气压力为正压，防止密封破坏。氮气放出后，要立即注满合格的变压器油。放出氮气时，要注意人身安全。

## 35. 气体继电器的作用是什么？

气体继电器是变压器重要的保护组件。当变压器内部发生故障，油中产生气体或油气流动时，则气体继电器动作，发出信号或切断电源，以保护变压器。另外，发生故障后，可以通过气体继电器的视窗观察气体颜色，以及取气体进行分析，从而对故障的性质做出判断。

## 36. 气体继电器应怎样安装？

安装前气体继电器应检验合格，气体继电器应水平安装，看窗应安装在便于检查一侧，箭头方向指向油枕，截油阀在油枕和气体继电器之间导管连接密封良好，打开放气阀排放气体，放至油溢出为止。

## 37. 变压器温度计应怎样安装？

套管式温度计应直接安装在变压器上盖的预留孔内，孔内应注适量的油，刻度朝向应便于检查。

电接点温度计安装前进行校验，油浸式变压器一次元件应安装在变压器顶盖上的温度计套管内，孔内应注适量的油。二次表挂在变压器一侧预留板上固定牢固，软管不得有压扁死弯，富裕部分盘起，固定在温度计附近。

干式变压器的电阻温度计安装，一次元件安装在变压器内，二次元件安装在值班室或操作台上，导线应符合仪表要求，并经过调试校验后方可使用。

### 38. 变压器调压装置的作用是什么？

变换线圈的分接头，改变高低压侧线圈的匝数比，从而调整电压，使电压保持稳定。

### 39. 变压器分接开关触头接触不良或有油垢时有什么后果？

分接开关触头接触不良或有油垢，会造成直流电阻增大，触头发热，严重的可导致开关烧毁。

### 40. 变压器安装时，给全电气装置供电的干线回路中PEN线有哪些要求？

保证 PEN 线机械强度。因为如果 PEN 线因机械强度不足折断，电气装置将失去接地，单相回路相电压将通过设备绕组传导到设备金属外壳以至保护钢管上。这时三相负荷严重不平衡，负荷中性点严重偏移，除使设备外壳对地带上了危险电压外，还会烧坏单相用电设备。这种事故不能将保护电器切断，只能靠提高线路本身机械强度、保证线路连接质量等办法来避免 PEN 断线。为避免上述事故，如为单芯导线，铜线不应小于 $10\text{mm}^2$，且 PEN 线的截面应大于相线截面。

### 41. 变压器的中性点怎样施工？

变压器的中性点要通过母线接地，接地零母线采用矩形母线或用电缆芯线从星点根部引出，穿过零序互感器后，要直接接在主接地母线的干线上，接地芯线与接地干线连接要牢固、接地芯线要求尽量的短些。

## 42. 变压器的连线有哪些要求？

（1）一、二次引线施工时，不能使变压器的套管直接承受应力。

（2）变压器工作零线与中性点接地线，应分别敷设，工作零线宜用绝缘导线。

（3）变压器中性点的接地回路中，靠近变压器处，宜做一个可拆卸的连接点。

（4）油浸变压器附件的控制线，应采用具有耐油性能的绝缘导线。

（5）连接螺栓的锁紧装置齐全，固定牢固，连接螺栓的螺纹应露出螺母 2～3 扣。

## 43. 变压器怎样接线？

变压器高、低压引出端分别在变压器的两侧，高压侧由电缆引出，低压端用母线桥引出时，接线端在变压器低压一侧，由顶端母线槽连接引出于干式变压器之间。

油浸式变压器一般采用双母排并联，从变压器顶端直接连接引出。

高压侧接线端在变压器的另一侧，一般都用电缆引入，与变压器连接，大多数的高压进线电缆从侧面下方的预埋管引入，高压电缆的预埋管位置应在侧面相对应位置上为好，电缆头再与接线端子连接。

## 44. 变压器的高压侧一般采用什么进线方式和接线方式？

变压器高压侧母线一般是由高压电缆沿地下保护管引出，接至变压器高压端子。

施工人员应按工艺要求制作高压电缆头，用专用螺栓与高压绝缘子(套管)上的端子紧固连接。

### 45. 变压器低压端一般采用什么接线方式？

室内变压器低压母线多数是经低压绝缘子支架穿墙引出。变压器的低压侧与低压引出线以及接地线连接，端子连接有竖连和横连两种，连接前对母线的接触面要进行处理。通常铜母线钻孔后要搪锡，保证接触面良好。

### 46. 在什么情况下应对变压器进行"吊芯"检查？

"吊芯"一般针对中小型变压器，大型变压器准确说是吊罩壳检查。

吊芯或吊罩检查时，如果使绕组暴露在空气中几小时或十几小时，反而可能会影响绝缘。

因此对特殊变压器，或经过长途恶劣路况运输时，运输过程中有异常情况时，变压器试验发现内部绝缘缺陷时，才进行吊芯检查。

### 47. 在什么情况下应对变压器进行器身检查？

(1)制造厂或建设单位认为应进行器身检查；

(2)变压器、电抗器运输和装卸过程中出现异常情况时，应由建设、监理、施工、运输和制造厂等单位代表共同分析原因并出具正式报告。必须进行运输和装卸过程分析，明确相关责任，然后确定是否进行现场器身检查或返厂进行检查和处理。

### 48. 进行变压器器身检查的人员有哪些要求？

进行器身检查时进入油箱内部检查应以制造厂服务人员为主，现场施工人员配合。

进行内检的人员不宜超过 3 人，内检人员应明确内检的内容、要求及注意事项。

## 49. 变压器吊芯检查对外部环境有哪些要求?

最好在室内进行,如必需在室外施工,最好搭设围布,做好临时降雨和防尘措施。计划施工时间避开雨雪雾天气,选择晴天、无大风天气。

周围空气温度在0℃以下、空气湿度高于75%的天气不能进行吊芯作业。

## 50. 变压器安装过程中对吊芯时间有哪些要求?

整个吊芯时间从放油起至开始注油为止,芯子暴露在空气中的时间:空气相对湿度不超过65%时,16h;空气相对湿度不超过75%时,12h。

如规定时间内处理不完,应先恢复芯子,隔日再做二次处理。

## 51. 为确保变压器安装的法兰不渗漏油,对法兰和密封垫有哪些要求?

(1)法兰应有足够的强度,紧固时不得变形。法兰密封面应平整清洁,安装时要认真清理油污和锈斑。

(2)密封垫应有良好的耐油和抗老化性能,以及比较好的弹性和机械强度。安装应根据连接处形状选用不同截面和尺寸的密封垫,并安放正确。

(3)法兰紧固力应均匀一致,胶垫压缩量应控制在1/3左右。

## 52. 变压器密封法兰螺栓紧固时有哪些注意事项?

法兰螺栓应按对角线位置依次均匀紧固,紧固后的法兰间隙应均匀,紧固力矩值应符合产品技术文件要求。

## 53. 变压器常规大修有哪些验收内容?

(1)实际检修项目是否按计划全部完成,检修质量是否合格。

（2）审查全部试验结果和试验报告。

（3）整理大修原始记录资料，特别注意对结论性数据的审查。

（4）作出大修技术报告(应附有试验报告单、气体继电器试验票及其他必要的表格)。

（5）如有技术改造项目，应按事先审定的施工方案、技术要求以及有关规定进行验收。

（6）对检修质量做出评价。

## 54. 变压器在空载合闸时会出现什么现象？对变压器的工作有哪些影响？

变压器在空载合闸时会出现激磁涌流。其大小可达稳态激磁电流的 80~100 倍，或额定电流的 6~8 倍。

涌流对变压器本身不会造成大的危害，但在某些情况下能造成电波动，如不采取相应措施，可能使变压器过电流或差动继电保护误动作。

## 55. 变压器空载运行异常时有哪些常见的声音体现？

变压器空载运行正常时会发出嗡嗡声，而异常时一般有几种声音：

（1）声音比较大而均匀时，可能是外加电压比较高。

（2）声音比较大而嘈杂时，可能是芯部有松动。

（3）有嘶嘶声音时，可能是芯部和套管有表面闪络。

（4）有爆裂声响，可能是芯部有击穿现象，应特别注意，并查出原因及时处理。

# 第六章 电气设备

## 第一节 断路器、GIS设备安装

**1. 断路器安装需要哪些工器具？**

除了常用的起重、焊接、钳工及电工工具外，还需要一些专用工具，如拆卸及组装特殊部件的专用扳手、检查死点的样板、测量部件和间隙尺寸的专用尺、测杆及检查触头压力的弹簧秤。

专用工具一般由断路器生产厂家配备。

**2. 断路器安装需要哪些材料？**

（1）清洗材料，如白布、绸布、塑料布、砂纸及毛刷等。

（2）润滑材料，如润滑油、润滑脂及凡士林等。

（3）密封材料，如耐油橡胶垫、石棉绳、铅粉及胶木等。

（4）绝缘材料，如绝缘漆、绝缘带、变压器油（用于油断路器）、高纯氮（用于SF6断路器、真空断路器）及SF6气体（SF6断路器）等。

**3. 六氟化硫断路器的特点是什么？**

体积小，绝缘强度高，灭弧性能好，检修周期长而且能组成封闭式组合电器。

**4. 六氟化硫断路器组装有哪些具体要求？**

（1）按制造厂的部件编号和规定顺序进行组装，不得混装。

（2）断路器的固定应牢固可靠，支架或底架与基础的垫片不宜超过三片，总厚度不大于10mm，各片间焊接牢固。

（3）同相各支柱瓷套的法兰面宜在同一水平面上，各支柱中心线间距离的误差不大于 5mm，相间中心距离的误差不大于 5mm。

（4）所有部件安装按制造厂要求保持其应有的水平或垂直位置。

（5）密封槽面清洁无损伤，用过的密封垫圈不能再使用，密封脂不能流入密封垫内侧面与六氟化硫气体接触。

（6）按产品技术要求更换吸附剂。

（7）按产品技术要求选用吊装器具、吊点及吊装方式。

（8）密封部位的螺栓使用力矩扳手紧固，力矩值符合产品技术文件要求。

## 5. 真空断路器到现场后的检查应符合哪些要求？

（1）依照设计文件进行验收核实，随机相关技术文件、配附件齐全，设备外观无损伤。

（2）灭弧室、瓷套与铁件间粘合牢固，无裂纹及破损。

（3）绝缘部件不应变形、受潮。

（4）断路器的支架焊接良好，外部油漆完整。

## 6. 真空断路器的安装有哪些要求？

（1）安装前的各零件、组件必须检验合格。

（2）安装用的工器具必须清洁并满足装配要求。紧固件拧紧时应使用呆扳手或梅花、套筒扳手，在灭弧室附近拧螺丝，不得使用活扳手。

（3）安装顺序应遵守安装工艺规程，各元件安装的紧固件规格必须按设计规定采用。特别是灭弧室静触头端固定的螺栓，其

长度规格绝不许弄错。

（4）装配后的极间距离，上、下出线的位置距离应符合图样尺寸的要求。

（5）各转动、滑动件装配后应运动自如，运动磨擦处涂抹润滑油脂。

（6）调整试验合格后应清洁抹净，各零部件的可调连接部位均应用红漆打点标记，出线端处涂抹凡士林并用洁净的纸包封保护。

### 7. 真空断路器安装后的调整工作有哪些要求？

（1）相间支持瓷件在同一水平面上。

（2）三相联动连杆的拐臂应在同一水平面上，拐臂角度一致。

（3）安装完毕后，先进行手动缓慢分、合闸操作，无不良现象时才可进行电动分、合闸操作。

（4）真空断路器的行程、压缩行程及三相同期性，应经测试符合产品技术文件规定。

### 8. 真空断路器导电部分的安装有哪些要求？

（1）导电部分的可挠铜片不应断裂，铜片间无锈蚀，固定螺栓齐全紧固。

（2）导电杆表面洁净，导电杆与导电夹接触紧密。

（3）导电回路接触电阻经测试符合产品技术文件规定。

（4）电器接线端子的螺栓搭接面符合规范要求，螺栓使用力矩扳手定力矩紧固。

### 9. 断路器操动机构的安装应符合哪些要求？

（1）操动机构固定牢固，底座或支架与基础间的垫片不宜超过3片，总厚度不应超过20mm，并与断路器底座标高配合，各片间应焊牢。

（2）操动机构的零部件齐全，各转动部分涂润滑脂。

（3）储能电机转向正确。

（4）各种接触器、继电器、微动开关、压力开关和辅助开关动作准确可靠。

（5）分、合闸线圈的铁芯动作灵活，无锈蚀无卡阻。

（6）加热装置的绝缘及控制元件的绝缘良好。

### 10. GIS 设备安装有哪些主要注意事项？

（1）对套管、管路、箱体等部分不要重击或施加额外的力。

（2）户外安装时，避免雨天作业。

（3）安装过程中要特别小心，防止灰尘和潮气进入 GIS 内部。

（4）防止杂质进入 GIS 内，安装前应用塑料套盖住法兰孔。

（5）保护好充气孔，不要使之损坏或玷污。

（6）安放 O 形圈时，不要将其损伤。O 形圈靠近大气一侧及其对应法兰密封面上应涂以密封胶。

（7）安装前，切勿将罐体和管路上的盖板取下。

（8）在抽真空前，迅速放置干燥剂，以尽量缩短其在大气中暴露的时间，一般不超过 8h。

（9）用适当力矩紧固螺栓。

（10）使用的清洁剂、润滑剂、密封脂和擦拭材料必须符合产品的技术规定。

（11）密封槽内应清洁、无划伤痕迹，并且不能使用已用过的密封垫，不能使用变形或有伤痕的密封圈，涂密封脂时，不得使其流入密封垫内侧，导致与 SF6 气体接触。

# 第二节 隔离开关、负荷开关及高压熔断器安装

## 1. 高压隔离开关安装有哪些要求？

（1）瓷柱表面清洁，无裂纹，瓷铁胶合处粘合牢固。

（2）触头表面清洁，镀银层完好，触头间接触紧密，并涂以薄层中性凡士林。

（3）设备连接端子涂以薄层电力复合脂，连接螺栓齐全紧固，紧固力矩应符合《电气装置安装工程 母线装置施工及验收规范》（GB 50149—2010）的有关规定。

（4）接地刀与主触头间机械或电气闭锁准确可靠。

（5）限位装置在分合闸极限位置动作可靠。

（6）合闸后触头间的相对位置、备用行程，以及分闸后触头间的净距或拉开角度应符合制造厂规定，相间距离的允许偏差：220kV 及以下不大于 10mm。

（7）操作机构安装应牢固，拉杆应校直，分合状态时与带电部位的距离均应符合《电气装置安装工程 母线装置施工及验收规范》（GB 50149—2010）的有关规定。

（8）三相联动的隔离开关，触头接触时的不同期数值应符合制造厂规定，当制造厂无规定时，最大值不得超过 20mm。

## 2. 高压隔离开关、负荷开关的导电部分安装时怎样用塞尺检查？

用 0.05mm × 10mm 的塞尺检查，对于线接触应塞不进去。对于面接触，其塞入深度要求：在接触表面宽度为 50mm 以下时，

不应超过 4mm，在接触表面宽度为 60mm 及以上时，不应超过 6mm。

**3. 负荷开关安装有哪些要求？**

（1）负荷开关三相触头接触的同期性和分闸状态时触头间净距及拉开角度应符合制造厂规定。

（2）灭弧室外观清洁、干燥、绝缘元件无损伤变形，导气孔畅通。

（3）安全阀、减压阀、压力继电器及电流电压表校验合格，动作正确。

**4. 负荷开关安装后需进行调整，一般重点调整哪些部位？**

（1）负荷开关合闸时，主固定触头应可靠地与主刀刃接触；分闸时，三相灭弧刀片应同时跳离固定灭弧触头。

（2）负荷开关三相触头接触的同期性和分闸状态时触头间净距及拉开角度应符合产品的技术规定。刀闸打开的角度，可通过改变操作杆的长度和操作杆在扇形板上的位置来达到。

（3）合闸时，主刀闸上的小塞子应正好插入灭弧装置的喷嘴内，不应有对喷嘴剧烈碰撞的现象。

**5. 负荷开关分合闸时，主、辅刀闸的开合有哪些顺序要求？**

负荷开关合闸时，应先闭合辅助刀闸，后闭合主刀闸；分闸时，先断开主刀闸，后断开辅助刀闸。

**6. 高压熔断器安装有哪些要求？**

高压熔断器安装除应符合高压隔离开关安装有关要求外，还应符合下列规定：

（1）带钳口的熔断器，其熔丝管应紧密地插入钳口内。

（2）装有指示器的熔断器，指示器应朝向巡视方向安装。

（3）跌落式熔断器熔管的有机绝缘物应无裂纹、变形，熔管轴线与铅锤线的夹角应为15°～30°，其转动部分应灵活。

（4）熔丝的规格应符合设计要求，熔体与尾线应压接紧密牢固。

### 7. 跌落式熔断器熔体熔断后不能迅速跌落的常见原因有哪些？

常见原因有转动轴转动不灵活或异物卡阻熔断器；转动轴安装不符合要求；熔体管与熔体不配套，熔体管过细，熔体熔断后不能顺利地从熔体管脱出，导致熔体管不能迅速脱落。

## 第三节　避雷器安装

### 1. 避雷器安装前应进行哪些项目的检查？

（1）检查瓷件无裂纹、破损，瓷套与铁法兰间的粘合牢固，金属法兰结合面平整，无外伤或砂眼，法兰泄水孔通畅。

（2）各组合单元试验合格，底座和拉紧绝缘子绝缘良好。

（3）运输时用以保护避雷器防爆膜的防护罩已取下，防爆膜完好、无损。

（4）避雷器的安全装置完整无损。

（5）带自闭阀的避雷器进行压力检查。

### 2. 避雷器安装有哪些要求？

避雷器应安装牢固，垂直度偏差符合制造厂规定，制造厂配套的铁垫片放在底座铁件一侧，绝缘垫片放在绝缘支柱一侧，均压环应安装水平不得歪斜。

### 3. 避雷器各连接处安装时应怎样处理？

各连接处金属接触面要清洁，无氧化膜，并涂有电力复合脂。

### 4. 避雷器的放电记数器怎样安装？

放电记数器外观密封良好，动作试验正确可靠，三相安装位置一致，便于观察。

## 第四节　电容器、变流设备安装

### 1. 电容器安装需要哪些工具？

需要尺子、力矩扳手等。

### 2. 电容器在安装前应进行哪些检查？

检查套管芯棒无弯曲或滑扣；引出线端连接用的螺母、垫圈齐全；外壳应无显著变形，外表无锈蚀，所有接缝无裂缝或渗油现象。

### 3. 成组安装的电容器，构架和支架有哪些安装要求？

电容器构架应保持其应有的水平及垂直位置，固定牢靠，油漆完整；电容器组支架安装水平允许偏差应不大于3mm/m，支架立柱间距离允许偏差不大于5mm。

### 4. 变流设备安装需要注意哪些事项？

主回路接线牢固，开关动作灵活，触点接触可靠，电源相序正确，快速熔断器的熔断指示器正确，控制、保护回路、信号指示及音响装置的动作正确可靠，通风及冷却系统风机运转良好，

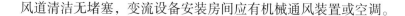

风道清洁无堵塞，变流设备安装房间应有机械通风装置或空调。

# 第五节　互感器安装

**1. 为什么电压互感器和电流互感器的二次侧必须接地？**

电压互感器和电流互感器的二次侧接地属于保护接地。如果一、二次侧绝缘损坏，一次侧高压串到二次侧，就会威胁人身和设备的安全。

**2. 电流互感器和电压互感器安装时，其次级线圈的连接有哪些不同要求？**

电流互感器严禁次级开路运行，次级线圈的一端应和铁芯同时接地，在连接次级电路时，还应注意线圈的极性，通常初级的 U 端和次级的 K1 端为同级性。

电压互感器次级线圈严禁短路运行，初、次级回路都必须装设熔断器予以保护，次级回路断线或短路会引起保护误动作。

**3. 互感器安装时有哪些注意事项？**

（1）检查互感器的变比分接头的位置和极性符合规定。

（2）二次接线板完整，引线端子连接牢固，绝缘良好，标志清晰。

（3）互感器安装平面应水平，并列安装的排列整齐，同一组互感器的极性方向一致。

**4. 零序电流互感器安装有哪些特别注意事项？**

零序电流互感器的安装，不能使构架或其他导磁体与互感器铁芯直接接触，或与其构成分磁回路。

# 第六节 电气盘、柜、箱安装

## 1. 电气盘柜的基础型钢一般怎样选料？

基础型钢用料一般选用[10 槽钢或∠75 角钢，应挑选无损伤、厚度均匀合格的、无弯曲的平直型钢进行加工，对于弯曲的型钢必须进行调直。

## 2. 基础型钢怎样除锈防腐？

加工前进行除锈，除锈时以露出材料的本颜色为合格，然后做防腐，头道漆为防锈底漆，二、三道漆为防腐面漆，漆干后可下料。

## 3. 基础型钢怎样下料？

下料时禁止用气焊切割，一律用砂轮切割机切割下料。当料不够长时，料的连接要用电焊焊接，对焊口不应以垂直截断面连接，如果是一个断面的对接，材料应斜向切断，保持较长的断面长度，增加焊口的长度，减小焊口的受力度。

材料连接最好采用几个断面连接，焊接后提高焊口的承载力度。

## 4. 基础型钢的焊接有哪些要求？

对口时，型钢要保持平直，对所有连接处的对口实行满焊，有相应资质的焊工才能进行焊接，焊缝焊接应均匀美观，型钢与盘柜相接触的一面焊缝要打磨，打磨后补漆做防腐。

## 5. 基础型钢安装的允许偏差是什么？

基础型钢安装的允许偏差见表2-6-1。

表 2-6-1　基础型钢允许偏差表

| 项　目 | 允许偏差 | |
|---|---|---|
| | mm/m | mm/全长 |
| 垂直度 | 1 | 5 |
| 水平度 | 1 | 5 |
| 不平行度 | — | 5 |

## 6. 基础型钢的接地怎样安装？

基础型钢应作良好接地，一般是在型钢的两端用扁钢与接地网电焊连接，型钢露出地面部分应涂油漆。

## 7. 高、低压盘柜涉及二次搬运时有哪些注意事项？

为了有序的进行二次搬运和盘柜安装，必须对盘柜进行检查核对，按包装箱号提取盘柜。当开箱后发现盘柜不对或者出现质量问题，不应进行安装，组织查询或修理更换。

二次搬运一般与开箱检查同时进行。由卸车地点到盘柜基础的二次搬运，一般由电工、起重工联合作业，吊装时以起重工为主。

有包装可以从盘柜底部吊起。无包装有吊点，要吊四个角的顶点；无吊装点要用软吊带从盘柜底部吊起。

盘柜移动采用手动叉车、卷扬机滚杠、简易马凳吊装架配倒链吊装，禁止以人力撬动方式吊运盘柜。

设备到现场要有计划，不要过于集中，无序置放，否则会造成道路堵塞、查询困难，倒运次数增多，增加二次搬运量。

## 8. 安装盘柜怎样立盘、稳盘？

配电盘柜进入配电室后采用自制龙门吊架或手动液压车，按设计图纸布置排列就位。立盘前，核对箱号、型号、位号对应就位。

## 9. 控制及保护屏(台)与基础型钢怎样连接?

不宜焊接,应采用螺栓固定连接。

## 10. 配电盘柜怎样就位、找正、固定?

就位前,事先找好第一面盘柜的位置,把第一面盘柜吊起就位。调整到水平位置后找正,作为参照盘,然后依次将盘柜顺序排列在基础型钢上,直至最后一面柜稳放在基础型钢上。

将同排的第一面柜和最后一面柜调整找正作参照盘,拉线进行测量,作为粗调,看是否有个别盘柜高低相差太大,再决定处理方法。经逐次的调整,使各盘的垂直度、水平度、盘间接缝都满足规范要求。

在全部精确调整后,对盘柜进行固定和安装检查,可用磁力线坠、水平尺拉线测量,满足规范要求后,再进行连接固定。

对调整高度的垫铁,固定时与基础型钢点焊连接,盘与型钢间用螺栓连接,盘、柜之间的连接也用螺栓连接,不允许盘柜和型钢基础之间采用施焊方法连接。

## 11. 盘柜安装的允许偏差是什么?

盘柜安装的允许偏差见表2-6-2。

表2-6-2 盘柜安装允许偏差表

| 项目 | | 允许偏差 |
|---|---|---|
| 垂直度/(mm/m) | | 1.5 |
| 水平偏差/mm | 相邻两盘顶部 | 2 |
| | 成列盘顶部 | 5 |
| 盘面偏差/mm | 相邻两盘边 | 1 |
| | 成列盘面 | 5 |
| 盘间接缝/mm | | 2 |

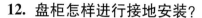

### 12. 盘柜怎样进行接地安装？

配电盘柜固定完毕后，要有三处以上的接地点同主接地母线连接，采用镀锌扁钢将主接地线同基础型钢三面施焊，接触面要符合规程规定。同时要检查盘柜的门等处的接地连接是否良好，有无软铜线连接。对可开启的屏、柜门上装有电气元件的、厂家没配接地线的，全部补装裸铜软线与盘柜主体可靠连接。

### 13. 盘、柜内二次回路接地有哪些要求？

(1)盘柜内二次回路接地应设接地铜排。

(2)静态保护和控制装置屏，柜内应设截面不小于 $100mm^2$ 的接地铜排，接地铜排上预留接地螺栓孔。

(3)静态保护和控制装置屏、柜接地连接线应采用不小于 $50mm^2$ 的带绝缘铜导线或铜缆与接地网连接。

### 14. 盘、屏、柜内元器件检查验收应符合哪些要求？

(1)控制开关及保护装置的规格、型号符合设计要求。

(2)闭锁装置动作准确、可靠。

(3)主开关的辅助开关切换动作与主开关动作一致。

(4)柜、屏、台、箱、盘上的标识器件标明被控设备编号及名称，或操作位置，接线端子有编号，且清晰、工整、不易脱色。

(5)回路中的电子元件不应参加交流工频耐压试验。

### 15. 小车式高压开关柜的三种位置指的是什么？

(1)工作位置，一次回路与二次回路均接通。

(2)试验位置，一次回路不接通，小车与柜体隔离触头之间有安全距离，二次回路可接通，此时小车上的断路器允许进行操作试验。

(3)检修位置，一次回路和二次回路均断开。

**16. 高压开关柜的"五防功能"是什么?**

(1)防止带负荷合闸:高压开关柜内的真空断路器小车在试验位置合闸后,小车断路器无法进入工作位置。

(2)防止带接地线合闸:高压开关柜内的接地刀在合位时,小车断路器无法进合闸。

(3)防止误入带电间闸:高压开关柜内的真空断路器在合闸工作时,盘柜后门用接地刀上的机械与柜门闭锁。

(4)防止带电合接地线:高压开关柜内的真空断路器在工作时合闸,合接地刀无法投入。

(5)防止带负荷拉刀闸:高压开关柜内的真空断路器在工作合闸运行时,无法退出小车断路器的工作位置。

**17. 在检修或试运工作中,电气安装工作需要挂、拆接地线,进行操作时有哪些注意事项?**

(1)必须使用合格的接地线,其截面满足要求。

(2)挂接地线前必须验电,验明设备确无电压后,立即将停电设备接地并三相短路,操作时,先装接地端,后挂导体端。

(3)挂接地线时,操作人员必须戴绝缘手套,以免受感应电压或静电的伤害。

(4)所挂接地线应与带电设备保持足够的安全距离。

(5)拆除接地线时,先拆导体端,再拆接地端。

# 第七节　不间断电源、蓄电池安装

**1. 不间断电源装置配线有哪些要求?**

(1)确保屏蔽可靠,引入或引出不间断电源装置的主回路电

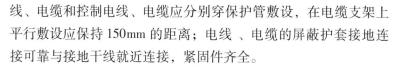

线、电缆和控制电线、电缆应分别穿保护管敷设，在电缆支架上平行敷设应保持 150mm 的距离；电线 、电缆的屏蔽护套接地连接可靠与接地干线就近连接，紧固件齐全。

（2）不间断电源输出端的中性线（N 极）必须与从接地装置直接引来的接地干线相连接，做重复接地。

**2. 蓄电池是怎样分类的？**

根据极板和电解液所用的物质的不同，分为铅酸蓄电池和碱性蓄电池两大类。

**3. 蓄电池安装前要进行哪些外观检查？**

（1）蓄电池外壳无裂纹、损伤、漏液等现象。

（2）蓄电池正、负端接线柱应极性正确，壳内部件齐全无损伤，有孔气塞通气性能良好。

（3）连接条、螺栓及螺母齐全，无锈蚀。

（4）带电解液的蓄电池，其液面高度应在两液面线之间，防漏运输螺塞无松动、脱落。

**4. 蓄电池组的安装有哪些要求？**

（1）蓄电池放置的基架及间距符合设计要求，蓄电池放置在基架后基架不应变形；基架应接地。

（2）蓄电池在搬运过程中不应触动极柱和安全排气阀。

（3）蓄电池安装应平稳，间距均匀。

（4）连接蓄电池连接条时应使用绝缘工具，并佩戴绝缘手套。

（5）连接条的接线正确，连接部分涂电力复合脂。

**5. 蓄电池组台架安装有哪些要求？**

安装牢固，间距符合设计要求，同一排、列蓄电池高低一致，排列整齐。

### 6. 电池连接有哪些要求?

蓄电池安装间距应按制造厂的说明书规定，一般为25mm。

正负极用连接条、连接螺栓串联时，应在连接的螺栓上涂以中性凡士林油，螺栓连接应紧固。

### 7. 蓄电池组的绝缘有哪些要求?

绝缘应良好，绝缘电阻不应小于0.5MΩ。

### 8. 蓄电池安装完成后，进行充放电有哪些注意事项?

(1)初充电及首次放电应按产品技术文件的技术要求进行，不应过充或过放。初充电期间，应保证电源可靠，初充电开始后24h内保证连续充电。

(2)充电前应复查蓄电池内电解液的液面高度。

(3)电解液注入蓄电池后，静置3~5h，等液温冷却到30℃以下时方可充电。

(4)碱性镉镍蓄电池注入电解液后，静置2h，经检查全部电池上出现电压(大于0.5V)，方可充电。

# 第八节　电动机电气安装

### 1. 怎样改变三相电动机的旋转方向?

电动机转子的旋转方向是由定子建立的旋转磁场的旋转方向决定的，而旋转磁场的方向与三相电流的相序有关。所以改变电流相序即可改变旋转磁场的方向，也就改变了电动机的旋转方向。

### 2. 安装电机在什么情况下需要做抽转子检查?

(1)出厂日期超过制造厂保证期限。

(2)经外观检查或电气试验，质量可疑时。

(3)开启式电机经端部检查可疑时。

(4)试运转时有异常情况。但是如果制造厂不允许解体，发现上述情况时需通知厂方协商处理方式。

### 3. 电动机绝缘电阻值是怎样规定的?

(1)6kV 电动机应使用 1000～2500V 摇表测绝缘电阻，其值不应低于6MΩ。

(2)380V 电动机使用500V 摇表测量，其值不应低于0.5MΩ。

(3)容量为500kW 以上的电动机吸收比 R60″/R15″ 不得小于1.3，且与前次相同条件上比较，不低于前次测得值的1/2，低于此值应汇报有关技术负责人。

(4)电动机停用超过7天以上时，启动前应测绝缘，备用电机每月测绝缘一次。

(5)电动机发生淋水进汽等异常情况时启动前必须测定绝缘。

### 4. 电动机运行中发生哪些情况应立即停止运行?

(1)人身事故。

(2)电动机冒烟起火，或一相断线运行。

(3)电动机内部有强烈的摩擦声。

(4)直流电动机整流子发生严重环火。

(5)电动机强烈振动及轴承温度迅速升高或超过允许值。

(6)电动机受水淹。

### 5. 电动机发生过载的常见原因有哪些?

(1)电动机的功率与有关设备的负载不匹配，电动机的功率太小，势必造成电机过负荷。

(2)电动机在大的启动电流下缓慢启动。

(3)电动机在反复短时工作时的操作频率过高。

（4）长期带负载欠电压运行。

（5）电动机经常反接制动。

（6）周围介质温度过高。

（7）三相电动机缺相运转等。

# 第七章 母线安装

### 1. 母线的作用是什么？

母线一般是用高导电率的铜、铝质材料制成的，起到汇集、分配和传送电能的作用，是电站或变电站输送电能用的总导线。通过它，把发电机、变压器或整流器输出的电能输送到各个用户或其他变电所。

### 2. 母线主要由哪几部分组成？

母线由母排、支柱绝缘子、支架、伸缩节等组成。

### 3. 通常所说母线包括哪几种类型？其适用范围有哪些？

母线一般包括封闭母线、裸母线及插接式母线。

裸母线一般是指矩形母线，除了在工业厂房和变电所中使用外，其他场合很少使用，封闭母线、插接式母线是工矿企业、事业和高层建筑等供配电联络设备，它通过特殊的连接端与变压器和高、低压配电柜直接连接，也可由电缆通过进线箱与母线槽始端相连。

### 4. 母线施工需要哪些常规工具及材料？

需要冲击电钻、圆头锤、电工刀、手电钻、木锤、电工用梯、钢丝钳、扳手、挫、电焊机、切割机、力矩扳手、导电膏等。

### 5. 母线安装常见的质量通病有哪些?

常见的质量问题有母线加工没有使用样板,作业人员不熟悉加工方法和操作规程,导致母线弯曲、搭接接触面不平整,出现氧化膜、隆起和折皱现象,或者搭接尺寸不符合规范要求,紧固螺栓未使用力矩扳手、未做力矩标识等。

### 6. 母线安装对外形有哪些要求?

母线应矫正平直,切断面应平整。

### 7. 硬母线矫直一般使用哪些方法?

对弯曲不平的母线,安装前应先进行矫直。人工矫直时先选一段表面平直、光滑、洁净的大型槽钢或工字钢,将母线放在钢面上用木锤敲打。如母线弯曲过大,在弯曲部位放上垫块,如铝板、木板等,然后用铁锤敲打垫块,使母线间接受力而平直。

### 8. 母线弯制时应遵照哪些规定?

(1)母线开始弯曲处距最近绝缘子的母线支持夹板边缘的距离不应大于 $0.25L$($L$ 为母线两支持点间的距离),但不得小于 50mm。

(2)母线开始弯曲处距母线连接位置不应小于 50mm。

(3)矩形母线应减少直角弯,弯曲处不得有裂纹及显著褶皱。

(4)多片母线的弯曲度、间距应一致。

### 9. 母线装置安装使用的紧固件材质有哪些要求?

母线装置安装用的紧固件,应采用符合现行国家标准的镀锌制品或不锈钢制品,户外使用的紧固件应采用热镀锌制品。

### 10. 母线的安装固定有哪些注意事项?

多片矩形母线间应保持与厚度相同的间隙;两相邻母线衬垫的垫圈间应有 3mm 以上的间隙,不得相互碰触。裸母线相间中心

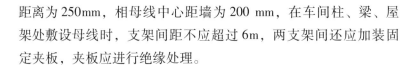

距离为 250mm，相母线中心距墙为 200 mm，在车间柱、梁、屋架处敷设母线时，支架间距不应超过 6m，两支架间还应加装固定夹板，夹板应进行绝缘处理。

### 11. 对于三相交流母线的相色有哪些要求？

A 相—黄色；B 相—绿色；C 相—红色。

### 12. 母线涂刷相色漆时应注意避开哪些部位？

(1)母线的螺栓连接及支持连接处，母线与电器的连接处以及距所有连接处 10mm 以内的部位。

(2)供携带式接地线连接用的接触面上，不刷漆部分的长度应为母线的宽度或直径，且不应小于 50mm，并在其两侧涂以宽度为 10mm 的黑色标志带。

### 13. 对于母线相序有哪些要求？

母线相序排列，如无设计规定时，应遵守下列规定：

(1)以设备正视方向为准，对上下布置的母线，交流 A、B、C 相或直流正、负极应由上而下。

(2)对水平布置的母线，交流 A、B、C 相或直流正、负极应由内向外。

(3)引下线的母线，交流 A、B、C 相或直流正、负极应由左向右。

### 14. 母线与母线或母线与设备接线端子的连接有哪些要求？

(1)母线连接接触面间要保持清洁，并涂电力复合脂。

(2)母线平置时，螺栓要由下往上穿，螺母应在上方，其余情况下，螺母应置于维护侧，螺栓长度宜露出螺母 2~3 扣。

(3)螺栓与母线紧固面间应有平垫圈，母线由多颗螺栓连接时，相邻螺栓垫圈间应有 3mm 以上的净距，螺母侧应装有弹簧垫圈或锁紧螺母。

（4）母线接触面应连接紧密，连接螺栓要用力矩扳手紧固，力矩值符合规范要求。

### 15. 母线紧固螺栓的紧固力矩值有哪些要求?

钢制螺栓紧固力矩需符合表2-7-1规定，非钢制螺栓紧固力矩值应符合产品技术文件要求。

表2-7-1　钢制螺栓的紧固力矩值　　　　N·m

| 螺栓规格 | 力矩值 |
|---|---|
| M8 | 8.8 ~ 10.8 |
| M10 | 17.7 ~ 22.6 |
| M12 | 31.4 ~ 39.2 |
| M14 | 51.0 ~ 60.8 |
| M16 | 78.5 ~ 98.1 |
| M18 | 98.0 ~ 127.4 |
| M20 | 156.9 ~ 196.2 |
| M24 | 274.6 ~ 343.2 |

### 16. 母线与母线或者母线与接线端子搭接时，不同材质的搭接面处理有哪些要求?

（1）铜与铜：干燥的室内可直接连接，室外、高温且潮湿、有腐蚀性气体的室内必须搪锡。

（2）铝与铝：直接连接。

（3）钢与钢：不得直接连接，必须搪锡或镀锌。

（4）铜与铝：在干燥室内铜导体应搪锡，室外或空气湿度接近100%的室内，应采用铜铝过渡板，铜端应搪锡。

（5）钢与铜或铝：钢搭接面必须搪锡。

（6）金属封闭母线螺栓固定搭接面应镀银。

### 17. 矩形母线采用螺栓固定搭接时，对搭接截面或螺孔、螺栓直径是否有要求？为什么？

有要求，矩形母线的搭接连接时，其连接尺寸、钻孔要求及螺栓规格都需要符合规范要求，常见规格的母线搭接如表 2-7-2 规定。

表 2-7-2  矩形母线搭接规定

| 搭接形式 | 类别 | 序号 | 连接尺寸/mm | | | 钻孔要求 | | 螺栓规格 |
|---|---|---|---|---|---|---|---|---|
| | | | $b_1$ | $b_2$ | $a$ | $\phi$/mm | 个数 | |
| | 直线连接 | 1 | 125 | 125 | $b_1$ 或 $b_2$ | 21 | 4 | $M20$ |
| | | 2 | 100 | 100 | $b_1$ 或 $b_2$ | 17 | 4 | $M16$ |
| | | 3 | 80 | 80 | $b_1$ 或 $b_2$ | 13 | 4 | $M12$ |
| | | 4 | 63 | 63 | $b_1$ 或 $b_2$ | 11 | 4 | $M10$ |
| | | 5 | 50 | 50 | $b_1$ 或 $b_2$ | 9 | 4 | $M8$ |
| | | 6 | 45 | 45 | $b_1$ 或 $b_2$ | 9 | 4 | $M8$ |
| | 直线连接 | 7 | 40 | 40 | 80 | 13 | 2 | $M12$ |
| | | 8 | 31.5 | 31.5 | 63 | 11 | 2 | $M10$ |
| | | 9 | 25 | 25 | 50 | 9 | 2 | $M8$ |
| | 直线连接 | 28 | 40 | 40 ~ 31.5 | — | 13 | 1 | $M12$ |
| | | 29 | 40 | 25 | — | 11 | 1 | $M10$ |
| | | 30 | 31.5 | 31.5 ~ 25 | — | 11 | 1 | $M10$ |
| | | 31 | 25 | 22 | — | 9 | 1 | $M8$ |

如果母线搭接不符合要求，螺孔过大或螺栓直径小，搭接面

积小，使母线的接触电阻增大，会使线路的温度增高，降低载流量，影响施工质量，是造成不安全运行的隐患。

### 18. 软母线安装有哪些要求？

（1）软母线不得有扭结、松股、断股及其他明显的损伤或严重腐蚀等缺陷。

（2）软母线与线夹连接应采用液压压接或螺栓连接。

（3）软母线与组合导线在挡距内不得有连接接头，并应采用专用线夹在跳线上连接，软母线经螺栓耐张线夹引至设备时不得切断，应成为一个整体。

（4）当软母线采用钢制各种螺栓型耐张线夹或悬垂线夹连接时，应缠绕铝包带，其缠向应与外层铝股的旋向一致，两端露出线夹口不应超过 10mm，且其端口应回到线夹内压住。

（5）母线弛度允许误差为 −2.5% ~ +5%，同一挡距内三相母线的弛度应一致，相同布置的分支线，应有同样的弯度和弛度。

（6）线夹螺栓应均匀拧紧，紧固 U 形螺栓时，应使两端均衡，不得歪斜；螺栓长度除可调金具外，宜露出螺母 2~3 扣。

### 19. 管形母线焊接有哪些要求？

（1）所有规格的管母线均应做焊接试件，焊工应持有相应资质证。

（2）焊缝要求一次连续施焊成型。

（3）焊接应使用与母材一致的焊条，焊缝表面无肉眼可见的裂纹、凹陷、缺肉、未焊透、气孔、夹渣等缺陷。

（4）焊缝应有 2~4mm 的加强高度，咬边深度不大于壁厚的10%，且不大于 1mm，其总长度不得超过焊缝长度的 20%。

（5）重要的导电部位或主要受力部位的对接接头射线检测应

符合要求。

### 20. 金属封闭母线的外壳及其支持金属结构的接地有哪些具体要求？

（1）全连式离相封闭母线的外壳应采用一点或多点通过短路板接地；一点接地时，应在其中一处短路板上设置一个可靠的接地点；多点接地时，可在每处但至少其中一处短路板上设置一个可靠的接地点。

（2）不连式离相封闭母线的每一分段外壳应有一点接地，并应只允许有一点接地。

（3）共箱封闭母线的外壳各段间应有可靠的电气连接，其中至少有一段外壳应可靠接地。

### 21. 金属封闭母线穿墙安装时有哪些注意事项？

金属封闭母线穿墙安装时应安装配套的穿墙板，穿墙板与封闭母线外壳间应用橡胶条密封，并保持穿墙板与封闭母线外壳间绝缘。

### 22. 小母线安装质量有哪些要求？

铜棒或铜管直径不应小于6mm，不同相或不同极的裸露部分之间或裸露部分与地之间，电气间隙不小于12mm，爬电距离不小于20mm，小母线敷设平直，固定牢固，压接点涂电力复合脂，两端要有标明其代号或名称的绝缘标志牌，字迹清晰，不易褪色。

### 23. 母线安装完后应进行哪些项目的检查？

（1）金属构件加工、配制、螺栓连接、焊接等应符合设计图纸的要求。

（2）所有螺栓、垫圈、闭口销、锁紧销、弹簧垫圈、锁紧螺母等应齐全、可靠。

（3）母线配制连接正确，螺栓紧固，接触可靠，相间及对地电气距离符合要求。

（4）瓷件完整清洁，铁件和瓷件胶合处完整无损，充油套管应无渗油，油位正常。

（5）油漆完好，相色正确，接地良好。

## 24. 母线的绝缘电阻值有哪些要求？

母线到货后，每一节母线在安装前，都需要检查其绝缘电阻是否符合要求。所有母线安装完成，整体测量绝缘电阻即可。0.4kV 母线用 1000V 摇表测量，其值不小于 0.5MΩ，6kV 及以上母线用 2500V 摇表测量，其值不小于 1MΩ/kV。

# 第八章　低压电器安装

## 第一节　一般规定

### 1. 低压电器有哪些种类？

低压电器分为配电电器和控制电器两大类。配电电器包括断路器、熔断器、刀开关和转换开关等。控制电器包括接触器、控制继电器、软启动器、变频器、控制器、主令电器、电阻器、变阻器和电磁铁等。

### 2. 低压电器的电压是什么范围？

交流频率为 50Hz 或 60Hz、额定电压为 1000V 及以下，直流额定电压为 1500V 及以下。

### 3. 低压电器测量绝缘电阻时，怎样选用兆欧表？

测量绝缘电阻时，设备电压等级与兆欧表的选用关系应符合表 2-8-1 的规定。

表 2-8-1　设备电压等级与兆欧表的选用关系

| 序号 | 设备电压等级/V | 兆欧表电压等级/V | 兆欧表最小量程/MΩ |
|---|---|---|---|
| 1 | <100 | 250 | 50 |
| 2 | <500 | 500 | 100 |
| 3 | <3000 | 1000 | 2000 |

## 4. 低压电器的绝缘电阻应满足什么要求？

测量低压电器连同所连接电缆及二次回路的绝缘电阻值不应小于 1MΩ；潮湿场所绝缘电阻值不应小于 0.5 MΩ。

## 5. 低压电器设备和器材到达现场后进行的检查验收应符合哪些要求？

(1)包装和密封应完好。

(2)技术文件应齐全，并有装箱清单。

(3)按装箱清单检查清点，型号、规格应符合设计要求；附件、备件应齐全。

(4)外观应完好，无破损、变形等现象。

## 6. 低压电器安装前，建筑工程应具备哪些条件？

(1)屋顶、楼板已施工完毕，不应渗漏。

(2)对电器安装有妨碍的模板、脚手架等已拆除，场地已清理干净。

(3)房间的门、窗、地面、墙壁、顶棚施工完毕。

(4)设备基础和构架达到允许安装的强度；基础槽钢固定可靠。

(5)预埋件和预留孔的位置尺寸符合设计要求，预埋件牢固。

## 7. 低压电器安装完成后至投入运行前建筑工程应符合哪些要求？

(1)运行后无法进行的和影响安全运行的施工工作应完毕。

(2)施工中造成的建筑物损坏部分应修补完整。

## 8. 低压电器安装前应检查哪些项目？

(1)设备铭牌、型号、规格应与被控制线路相符。

(2)外壳、漆层、手柄应无损伤或变形。

（3）内部仪表、灭弧罩、瓷件等应无裂纹或伤痕。

（4）紧固件应无松动。

（5）附件应齐全、完好。

## 9. 低压电器的安装有哪些要求？

（1）用支架或垫板（木板或绝缘板）固定在墙或柱子上。

（2）落地安装的电器设备，其底面距离地面不宜小于200mm。

（3）操作手柄中心距离地面一般为1200～1500mm；侧面操作的手柄距离建筑物或其它设备不宜小于200mm。

（4）成排或集中安装的低压电器应排列整齐，便于操作和维护。

（5）低压电器宜垂直安装，其倾斜度不应大于5°。

## 10. 低压电器的固定方式有哪些？

（1）低压电器根据其不同的结构，可采用支架、金属板、绝缘板固定在墙、柱或其他建筑构件上。金属板、绝缘板应平整；当采用卡轨支撑安装时，卡轨应与低压电器匹配，不应使用变形或不合格的卡轨。

（2）紧固的螺栓规格应选配适当，电器固定要牢固，不得采用焊接。

（3）电器内部不应受到额外应力。

（4）有防震要求的电器要加设减震装置，紧固螺栓应有防松措施，如加装锁紧螺母、锁钉等。

（5）采用膨胀螺栓固定时，其钻孔直径和埋设深度应与螺栓规格相符；不应使用塑料胀塞或木楔固定。

## 11. 低压电器的外部接线应达到哪些要求？

（1）接线应按接线端头标识进行。

（2）接线应排列整齐、美观，导线绝缘应良好、无损伤。

（3）电源侧进线应接在进线端，负荷侧出线应接在出线端。

（4）电器的接线应采用有金属防锈层或铜质的螺栓和螺钉，并应有配套的防松装置，连接时应拧紧，拧紧力矩值应符合产品技术文件的要求，且应符合表2-8-2要求。

表2-8-2　螺纹型接线端子的拧紧力矩

| 螺纹直径/mm | | 拧紧力矩/（N·m） | | |
|---|---|---|---|---|
| 标准值 | 直径范围 | Ⅰ | Ⅱ | Ⅲ |
| 5 | 4.7＜φ≤5.3 | 0.8 | 2 | 2 |
| 6 | 5.3＜φ≤6.0 | 1.2 | 2.5 | 3 |
| 8 | 6.0＜φ≤8.0 | 2.5 | 3.5 | 6 |
| 10 | 8.0＜φ≤10 | / | 4 | 10 |
| 12 | 10＜φ≤12 | / | / | 14 |
| 14 | 12＜φ≤15 | / | / | 19 |
| 16 | 15＜φ≤20 | / | / | 25 |
| 20 | 20＜φ≤24 | / | / | 36 |

注：第Ⅰ列适用于拧紧时不突出孔外的无头螺钉和不能用刀口宽度大于螺钉顶部直径的螺丝刀拧紧的其它螺钉；第Ⅱ列适用于可用螺丝刀拧紧的螺钉和螺母；第Ⅲ列适用于不可用螺丝刀拧紧的螺钉和螺母。

（5）外部接线不得使电器内部受到额外应力。

（6）裸带电导体与电器连接时，其间隙不应小于与其直接相连的电器元件的接线端子的电气间隙。

（7）具有通信功能的电器，其通信系统接线应符合产品技术文件的要求。

## 12. 室外安装的非防护型低压电器应用哪些措施防护？

室外安装的非防护型低压电器应有防雨、雪和风沙侵入的措施，如在低压电器外加装防护罩等。

# 第二节　低压断路器安装

## 1. 低压断路器的作用是什么?

低压断路器是用于交流、直流线路的过载、短路或欠压保护的设施,也可用于不频繁操作的电器。低压断路器能接通、承载以及分断正常电路条件下的电流,也能在所规定的非正常电路下接通、承载和分断电流。

## 2. 低压断路器安装前需做哪些检查?

(1)一次回路对地的绝缘电阻应符合产品技术文件的要求。

(2)抽屉式断路器的工作、试验、隔离三个位置的定位应明显,并应符合产品技术文件的要求。

(3)抽屉式断路器抽、拉数次应无卡阻,机械联锁应可靠。

## 3. 低压断路器安装有哪些要求?

(1)低压断路器的飞弧距离应符合产品技术文件的要求。

(2)低压断路器主回路接线端配套绝缘隔板应安装牢固。

(3)低压断路器与熔断器配合使用时,熔断器应安装在电源侧。

## 4. 低压断路器的接线有哪些要求?

(1)接线应符合产品技术文件的要求。

(2)裸露在箱体外部且易触及的导线端子应加绝缘保护。

## 5. 低压断路器安装完后应做哪些检查?

(1)触头闭合、断开过程中,可动部分不应有卡阻现象。

(2)电动操作机构接线应正确;在合闸过程中,断路器不应跳跃；断路器合闸后，限制合闸电动机或电磁铁通电时间的联锁装置应及时动作；合闸电动机或电磁铁通电时间不应超过产品的规定值。

（3）断路器辅助接点动作应正确可靠，接触应良好。

### 6. 直流快速断路器安装有哪些注意事项？

（1）安装时应防止断路器倾倒、碰撞和激烈振动，基础槽钢与底座间应按要求采取防振措施。

（2）断路器与相邻设备或建筑物的距离均不应小于 500mm，小于 500mm 时应加装隔板，隔弧板高度不小于单极开关的总高度。在灭弧室上方应留有不小于 1000mm 的空间；无法达到时，应按开关容量在灭弧室上部 200～500mm 高度处装设隔弧板。

（3）灭弧室内绝缘衬件应完好，电弧通道应畅通。

（4）触头的压力、开距、分断时间及主触头调整后灭弧室支持螺杆与触头间的绝缘电阻应符合产品技术文件的要求。

### 7. 直流快速断路器的接线有哪些要求？

（1）与母线连接时，出线端子不应承受附加应力。

（2）当触头及线圈标有正、负极性时，其接线应与主回路极性一致。

（3）配线时应使控制线与主回路分开。

### 8. 安装完成后的直流快速断路器应符合哪些要求？

（1）轴承转动应灵活，并应涂以润滑剂。

（2）衔铁的吸、合动作应均匀。

（3）灭弧触头与主触头的动作顺序应正确。

（4）安装后应按产品技术文件要求进行交流工频耐压试验，不得有闪络、击穿现象。

（5）脱扣装置应按设计要求进行整定值校验，在短路或模拟短路情况下合闸时，脱扣装置应动作正确。

# 第三节　低压隔离开关、负荷开关

**1. 隔离开关与刀开关安装时有哪些要求？**

（1）刀开关应垂直安装在控制屏、箱上，并要使夹座位于上方。如夹座位于下方，则在刀开关打开的时候如果支座松动，闸刀在自重作用下向下掉落而误动作，会造成严重事故。

（2）刀开关用作隔离开关时，合闸顺序为先合上刀开关，再合上其他用以控制负载的开关；分闸顺序则相反。

（3）严格按照产品说明书规定的分断能力来分断负荷，无灭弧罩的刀开关一般不允许分断负载，否则，有可能导致稳定持续燃弧，使刀开关寿命缩短，严重的还会造成电源短路，开关烧毁，甚至发生火灾。

（4）刀片与固定触头的接触良好，大电流的触头或刀片可适量加润滑油（脂）；有消弧触头的刀开关，各相的分闸动作应迅速一致。

（5）双投刀开关在分闸位置时，触刀应可靠固定，不得使刀片有自行合闸的可能。

**2. 直流母线隔离开关安装时有哪些要求？**

（1）开关无论垂直或水平安装，触刀应垂直板面上；在混凝土基础上时，触刀底部与基础间应有不小于50mm的距离。

（2）开关动触片与两侧压板的距离应调整均匀。合闸后，接触面应充分压紧，触刀不得摆动。

（3）触刀与母线直接连接时，母线固定端必须牢固。

# 第四节　保护器的安装

**1. 剩余电流保护器安装时有哪些要求？**

（1）剩余电流保护器标有电源侧和负荷侧标识时，应按产品标识接线，不得反接。

（2）剩余电流保护器在不同的系统接地形式中应正确接线，应严格区分中性线（N线）和保护线（PE线）。

（3）带有短路保护功能的剩余电流保护器安装时，应确保有足够的灭弧距离，灭弧距离应符合产品技术文件的要求。

（4）剩余电流保护器安装后，除应检查接线无误外，还应通过试验按钮和专用测试仪器检查其动作特性。

**2. 电涌保护器安装前应做哪些检查？**

（1）标识：外壳标明厂名或商标、产品型号、安全认证标记、最大持续运行电压 $U_c$、电压保护水平 $U_p$、分级试验类别和放电电流参数。

（2）外观：无裂纹、划伤、变形。

（3）运行指示器：通电时处于指示"正常"位置。

**3. 电涌保护器安装时有哪些注意事项？**

（1）电涌保护器应安装牢固，其安装位置及布线应正确，连接导线规格应符合设计要求。

（2）电涌保护器的保护模式应与配电系统的接地形式相匹配，并应符合制造厂相关技术文件的要求。

（3）电涌保护器接入主电路的引线应尽量短而直，不应形成环路和死弯。上引线和下引线长度之和不宜超过0.5m。

（4）电涌保护器电源侧引线与被保护侧引线不应合并绑扎或互绞。

（5）接线端子应压紧，接线柱、接线螺栓接触面和垫片接触应良好。

（6）电涌保护器应有过电流保护装置。

（7）当同一条线路上有多个电涌保护器时，它们之间的安装距离应符合产品技术文件的要求。

# 第五节　接触器及起动器的安装

## 1. 交流接触器有哪些部分组成？

（1）电磁系统：包括吸引线圈，上铁芯（动铁芯）和下铁芯（静铁芯）。

（2）触头系统：包括三副主触头和两个常开、两个常闭辅助触头，它和动铁芯是连在一起互相联动的。主触头的作用是接通和切断主回路；而辅助触头则接在控制回路中，以满足各种控制方式的要求。

（3）灭弧装置：接触器在接通和切断负荷电流时，主触头会产生较大电弧，容易烧坏触头，为了迅速切断开断时的电弧，一般容量较大的交流接触器装置有灭弧装置。

（4）其他：还有支撑各导体部分的绝缘外壳，各种弹簧、传动机构、短路环、接线柱等。

## 2. 交流接触器的用途有哪些？

交流接触器不能切断短路电流和过负荷电流，即不能用来保护电器设备，只适用于电压为 1kV 及以下的电动机或其它操作频繁的电路中，远距离操作和自动控制，使电路通路或断路。并且不宜装于有导电性灰尘、腐蚀性和爆炸性气体的场所。

### 3. 低压接触器及电动机启动器安装前需做哪些检查？

（1）电磁铁的铁芯表面应无锈斑及油垢，将铁芯板面上的防锈油擦净，以免油垢粘住造成接触器断电不释放。触头的接触面平整、清洁。

（2）接触器、启动器的活动部件动作灵活，无卡阻；衔铁吸合后应无异常响声，触头接触紧密，断电后应能迅速脱开。

（3）检查接触器铭牌及线圈上的额定电压、额定电流等技术数据是否符合使用要求；电磁启动器热元件的规格应按电动机的保护特性选配；热继电器的电流调节指示位置，应调整在电机的额定电流值上，如设计有要求时，尚应按整定值进行校验。

### 4. 低压接触器及电动机启动器安装后需做哪些检查？

（1）接线应符合产品技术文件的要求。

（2）在主触头不带电的情况下，接触器线圈做通、断电试验，其操作频率不应大于产品技术文件的要求，主触头应动作正常，衔铁吸合后应无异常响声。

### 5. 真空接触器安装前应做哪些检查？

（1）检查可动衔铁及拉杆动作应灵活可靠、无卡阻。

（2）检查辅助触头应随绝缘摇臂的动作可靠动作，且触头接触应良好。

（3）按产品技术文件要求检查真空开关管的真空度。

### 6. 自耦减压启动器安装时有哪些要求？

（1）启动器应垂直安装。

（2）油浸式启动器的油面不得低于标定的油面线。

（3）减压抽头（65%~80%额定电压）应按负荷的要求进行调

整，但启动时间不得超过自耦减压启动器的最大允许启动时间。

### 7. 软启动器安装时有哪些要求？

（1）软启动器四周应按产品要求留有足够通风间隙。

（2）软启动器应按产品说明书及标识接线正确，风冷型软启动器二次端子"N"应接中性线。

（3）软启动器的专用接地端子应可靠接地。

（4）软启动器中晶闸管等电子器件不应用兆欧表做绝缘电阻测试，应用数字万用表高阻挡检查晶闸管绝缘情况。

（5）软启动器启动过程中不得改变参数的设置。

### 8. 变频器安装时有哪些要求？

（1）变频器应垂直安装，变频器与周围物体之间的距离不应小于100mm，上、下间距不应小于150mm，变频器出风口上方应加装保护网罩，变频器散热排风通道应畅通。

（2）有两台或两台以上变频器时，应横向排列安装，当必须竖向排列安装时，应在两台变频器之间加装隔板。

（3）变频器应按产品技术文件及标识正确接线。

（4）与变频器有关的信号线应采用屏蔽线，屏蔽线应接至控制电路的公共端（COM）上。

（5）变频器的专用接地端子应可靠接地。

## 第六节　控制器的安装

### 1. 控制器的用途是什么？

控制器是用于电器控制设备中转换主回路或励磁回路，以达到电动机启动、换向和调速的作用。

## 2. 控制器安装时有哪些注意事项?

(1)工作电压应与供电电源电压相符。

(2)应安装在便于观察和操作的位置上,操作手柄或手轮的安装高度宜为800~1200mm。

(3)操作应灵活,挡位应明显、准确。带有零位自锁装置的操作手柄应能正常工作。

(4)操作手柄或手轮的动作方向应尽量与机械装置的动作方向一致。

(5)操作手柄或手轮在各个不同位置时,触头分、合的顺序均应符合控制器的接线图。

(6)控制器触头压力均匀,触头超行程不小于产品技术文件规定。凸轮控制器主触头的灭弧装置应完好。

(7)控制器的转动部分及齿轮减速机构应润滑良好。

## 3. 继电器的用途是什么?

继电器是在控制系统中,控制其它电器或作主电路的保护之用。

## 4. 继电器安装前应做哪些检查?

(1)可动部分动作应灵活、可靠。

(2)表面污垢和铁芯表面防腐剂应清除干净。

## 5. 主令电器的用途是什么?

主令电器是用作接通、分断控制电路,以发布命令或用作程序控制。如按钮、行程开关等。

## 6. 按钮的安装有哪些注意事项?

(1)按钮之间的净距不宜小于30mm,按钮箱之间的距离宜为50~100mm。

（2）按钮操作应灵活、可靠、无卡阻。

（3）集中在一起安装的按钮应有编号或不同的识别标志，"紧急"按钮应有明显标志，并应设保护罩。

### 7. 行程开关的安装有哪些注意事项？

（1）安装位置应能使开关正确动作，且不妨碍机械部件的运动。

（2）碰块或撞杆应安装在开关滚轮或推杆的动作轴线上，对电子式行程开关应按产品技术文件要求调整可动设备的间距。

（3）碰块或撞杆对开关的作用力及开关的动作行程均不应大于允许值。

（4）限位用的行程开关应与机械装置配合调整，在确认动作可靠后才接入电路使用。

## 第七节　熔断器安装

### 1. 熔断器的种类有哪些？

常用熔断器的种类很多，按电压等级可分为高压熔断器和低压熔断器；按有无填料可分为有填料式和无填料式；按结构分有螺旋式、插入式、管式以及半封闭式和封闭式等；按使用环境可分为户内和户外式；按熔体的更换情况可分易拆换式和不易拆换式等。

### 2. 熔断器的用途是什么？

熔断器是一种保护电器，它串联在电路中使用，可以用来保护电气装置，防止过载电流和短路电流的损害。常规使用的各系列熔断器如下：

RM 系列密封式熔断器，用于交流 500V 及直流 440V 以下的电力电网或成套配电装置中作短路和连接过载保护。

RC 系列插入式熔断器主要用于交流低压电路末端，作为电气设备的短路保护。

RL 系列螺旋式熔断器可作为电路中过载保护和短路保护的元件。

RLS 系列螺旋型快速熔断器，可用作硅整流元件、或控硅整流元件和由该元件组成的成套装置的内部短路保护和过载保护。

RT0 系列有填料密封式熔断器，广泛用于供电线路及断流能力较高的场所。

RS0 系列快速熔断器主要作为硅整流器、可控硅元件及其成套装置的保护。

RW2 – 35、RW9 – 35 型角型熔断是用来保护电压互感器的。

### 3. 低压熔断器安装时有哪些要求？

（1）安装位置及相互间距应便于更换熔体；更换熔丝时，应切断电流，更不允许带负荷换熔丝，并应换上相同额定电流的熔丝。

（2）有熔断指示的熔芯，其指示器的方向应装在便于观察侧。

（3）瓷质熔断器在金属底板上安装时，其底座应垫软绝缘衬垫。安装螺旋式熔断器时，应将电源线接至瓷底座的接线端，以保证安全。管式熔断器应垂直安装。

（4）安装应保证熔体和插刀以及插刀和刀座接触良好，以免因熔体温度升高发生误动作。安装熔体时，必须注意不要使它受机械损伤，以免减少熔体截面积，产生局部发热而造成误动作。

### 4. 更换熔断器时有哪些注意事项？

（1）更换熔断器，应核查熔断器的额定电流后进行。

（2）对快速一次性熔断器，更换时必须采用同一型号的熔断器。

（3）对可更换熔件的，更换熔件时，应使用相同额定电流、相同保护特性的熔件，以免引起非选择性熔断，且熔件的额定电流应小于熔管的额定电流。

（4）熔件更换时不得拉、砸、扭折，应进行必要的打磨，检查接触面要严密，连接牢固，以免影响熔断器的选择性。

# 第八节　电阻器的安装

## 1. 电阻器安装时有哪些注意事项？

（1）电阻器的电阻元件应位于垂直面上。电阻器叠装时，叠装数量及间距应符合产品技术文件的要求，电阻器底部与地面间应留有不小于150mm 的间隔。

（2）电阻器与其他电器垂直布置时，应安装在其他电器的上方，两者之间应留有间隔。

## 2. 电阻器接线时有哪些注意事项？

（1）电阻器与电阻元件的连接应采用铜或钢的裸导体，连接应可靠。

（2）电阻器引出线夹板或螺栓应设置与设备接线图相应的标志；当与绝缘导线连接时，应采取防止接头处的温度升高而降低导线绝缘强度的措施。

（3）多层叠装的电阻箱的引出导线应采用支架固定，并不得妨碍电阻元件的更换。

### 3. 变阻器安装时有哪些要求?

(1)变阻器滑动触头与固定触头的接触良好;触头间应有足够压力;在滑动过程中不得开路。

(2)变阻器的转换装置移动均匀平滑,无卡阻,并有与移动方向对应的指示阻值变化标志。

(3)电动传动的转换装置,其限位开关及信号联锁接点动作应准确、可靠;齿链传动的转换装置,允许有半个节距的窜动范围。

(4)频敏变阻器在调整抽头及气隙时,应使电动机启动特性符合机械装置的要求,用于短时间启动的频敏变阻器在电动机启动完毕后应短接切除。

### 4. 电磁铁安装时有哪些要求?

(1)电磁铁的铁芯表面应洁净无锈蚀,通电前应除去防护油脂。

(2)电磁铁的衔铁及其传动机构的动作应迅速、准确、无阻滞现象。直流电磁铁的衔铁上应有隔磁措施,以清除剩磁影响。

(3)制动电磁铁的衔铁吸合时,铁芯的接触面应紧密地与其固定部分接触,且不得有异常响声。

(4)有缓冲装置的制动电磁铁,应调节其缓冲器气道孔的螺钉,使衔铁动作至最终位置时平稳,无剧烈冲击。

(5)牵引电磁铁固定位置应与阀门推杆准确配合,使动作行程符合要求。

# 第九章　电气试验

## 1. 交流电动机转向的试验方法及注意事项是什么？

如图 2-9-1 正确连接线后，转动电机轴承，观察指针万用表电流挡的指针偏转方向。如果转动瞬间指针偏转向正方向，说明电动机接线和转动轴承的方向一致。如果使用电压较低，可能仪表偏转的方向不明显，可正反方向多做几次，防止误判断。

注意事项：确定电机的转向和所带负载方向一致，指针万用表毫安挡位放在中间，防止电流太大打坏指针。

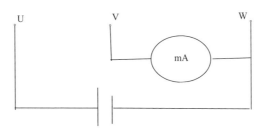

图 2-9-1　测试电动机绕组转向原理接线图

## 2. 交流电动机试验要注意哪些事项？

（1）交流电动机应在绝缘电阻测试合格后，才可进行工频交流耐压试验。

（2）拉起警戒线，由专人看护，禁止非专业人员进入试验区域。

（3）认真阅读试验设备使用说明书及设备操作规程，正确使用试验设备仪器且设备接地可靠。

### 3. 交流电机交流耐压前要做哪些准备工作？

（1）制定试验技术方案，准备试验设备，进行技术交底。试验接线后需经仔细按接线图复查，以保证接线正确。试验前应检查工作电源及接地是否可靠。

（2）电源电压波动幅度不超过 ±5%，电源电压的畸变率不超过 5%，试验电源频率与额定频率之差应在额定频率的 1% 以内。

### 4. 电力变压器的绝缘电阻和吸收比的试验方法及注意事项是什么？

绝缘电阻测试：使用高压摇表 2500V 挡位测量变压器高压侧绕组，测试前必须对被测物进行彻底放电，然后接线。测试线红插头一端插在"L"端，另一端连接变压器高压绕组侧。黑插头插在"E"端，另一端连接变压器外壳接地端。测试线的另一端分别接被测设备的相应端。绝缘电阻值不低于产品出厂试验值的 70% 或不低于 10000MΩ（20℃）。

吸收比测试：记录 15s 的测量值，记录 60s 的测量值。

绝缘吸收比计算公式：$\dfrac{60\text{s 测量值}}{15\text{s 测量值}} > 1.3$

变压器电压等级为 35kV 及以上，且容量在 4000kV·A 及以上时，应测量吸收比。吸收比与产品出厂值相比应无明显差别，在常温下应不小于 1.3；当 60s 测量值大于 3000MΩ（20℃）时，吸收比可不做考核要求。

注意事项：高压测试设备，人体不能直接接触"L"端以免电击。测试完后一定要进行放电。

## 5. 电流互感器极性的试验方法是什么?

首先按照图 2-9-2 所示。进行接线。

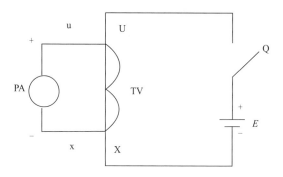

图 2-9-2 电压互感器极性试验原理接线图

试验时将刀闸开关瞬时投入、切除, 观察电流压表的指针偏转方向。如果投入瞬间指针偏转向正方向, 说明电池正极与电流表连接的正极是同极性。由于使用电压较低, 可能仪表偏转的方向不明显, 可将刀闸开关多投、切几次, 防止误判断。

## 6. 互感器试验中测量绕组的绝缘电阻应符合哪些要求?

(1)测量一次绕组对二次绕组及外壳、各二次绕组间及其对外壳的绝缘电阻, 绝缘电阻不宜低于 1000MΩ。

(2)测量电流互感器一次绕组段间的绝缘电阻, 绝缘电阻不宜低于 1000MΩ, 但由于结构原因而无法测量时可不进行。

(3)测量电容式电流互感器的末屏及电压互感器接地端(N)对外壳(地)的绝缘电阻, 绝缘电阻值不宜小于 1000MΩ。若末屏对地绝缘电阻小于 1000MΩ 时, 应测量其 tanδ; 加上其值不应大于 2%。

(4)绝缘电阻测量应使用 2500V 兆欧表。

### 7. 互感器交流耐压试验应符合哪些规定?

(1)应按出厂试验电压的 80% 进行;并应在高压侧监视施加电压。

(2)电压等级 66kV 及以上的油浸式互感器,交流耐压前后宜各进行一次绝缘油的色谱分析。

### 8. 电磁式互感器感应耐压试验应符合哪些规定?

(1)感应耐压试验时,试验电压的频率应大于额定频率。当试验电压频率小于或等于 2 倍额定频率时,全电压下试验时间为 60s;当试验电压频率大于 2 倍额定频率时,全电压下试验时间应按下式计算:

$$t = 120 \times (f_N/f_S)$$

式中　$f_N$——额定频率;

　　　$f_S$——试验频率;

　　　$t$——全电压下试验时间,不应少于 15s。

(2)感应耐压试验前后,应各进行一次额定电压时的空载电流测量,两次测得值相比不应有明显差别。

(3)对电容式电压互感器的中间电压变压器进行感应耐压试验时,应将耦合电容电压、阻尼器及限幅装置拆开。由于产品结构原因现场无条件拆开时,可不进行感应耐压试验。

(4)电压等级 220kV 以上的 $SF_6$ 气体绝缘互感器,特别是电压等级为 500kV 的互感器,宜在安装完毕的情况下进行交流耐压试验;在耐压试验前,宜开展 $U_m$ 电压下的老练实验,时间应为 15min。

(5)二次绕组之间及其对箱体(接地)的工频耐压试验电压标准应为 2kV,可用 2500V 兆欧表测量绝缘电阻试验替代。

(6)电压等级 110kV 及以上的电流互感器末屏及电压互感器

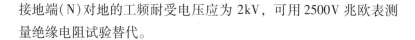

接地端(N)对地的工频耐受电压应为 2kV，可用 2500V 兆欧表测量绝缘电阻试验替代。

### 9. 电力电缆线路试验应符合哪些规定？

（1）应对电缆的每一相测量其主绝缘的绝缘电阻并进行耐压试验。对具有统包绝缘的三芯电缆，应分别对每一相进行测量其主绝缘的绝缘电阻和耐压试验，其他两相导体、金属屏蔽或金属套和铠装层应一起接地；对分相屏蔽的三芯电缆和单芯电缆，可一相或多相同时进行测量其主绝缘的绝缘电阻和耐压试验，非被试相导体、金属屏蔽或金属套和铠装层应一起接地；

（2）对金属屏蔽或金属套一端接地，另一端装有护层过电压保护器的单芯电缆主绝缘作耐压试验时，必须将护层过电压保护器短接，使这一端的电缆金属屏蔽或金属套临时接地；

（3）额定电压为 0.6/1kV 的电缆线路应用 2500V 兆欧表测量导体对地绝缘电阻代替耐压试验，试验时间应为 1min；

（4）对交流单芯电缆外护套应进行直流耐压试验。

### 10. 电力电缆直流耐压及泄漏电流试验的注意事项是什么？

（1）试验宜在干燥的天气条件下进行，脏污时应将电缆终端头擦拭干净，以减少泄漏电流。

（2）试验场地应保持清洁，电缆终端头和周围的物体必须有足够的放电距离，防止被试品的杂散电流对试验结果产出影响。

（3）电缆直流耐压和泄漏电流测试应在绝缘电阻和其他测试项目测试合格后进行。

（4）对电缆的主绝缘进行耐压试验时，应分别在每相上进行，对一相电缆进行试验时，其它两相导体、屏蔽层及铠装层或金属护层应一起接地。

（5）电缆每相试验结束后，关闭电源，首先进行放电接地，然后再更换测试线。

（6）耐压试验前后，绝缘电阻测量应无明显变化。

## 11. 如何进行电容器的绝缘电阻试验？

（1）500kV及以下电压等级的电容器应采用2500V兆欧表，750kV电压等级的电容器应采用5000V兆欧表进行测量，测量耦合电容器、断路器电容器的绝缘电阻应在二极间进行。

（2）并联电容器应在电极对外壳之间进行，并应采用1000V兆欧表测量小套管对地绝缘电阻，绝缘电阻均不应低于5000MΩ。

接线方法分别如图2-9-3和图2-9-4所示。

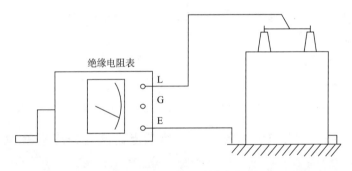

图2-9-3　高压并联电容器双极对地绝缘电阻测试接线图

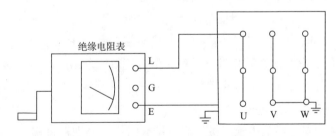

图2-9-4　集合式高压并联电容器相间及对地绝缘电阻测试接线图

### 12. 金属氧化物避雷器工频放电电压试验应符合什么规定?

工频放电电压，应符合产品技术条件的规定；工频放电电压试验时，放电后应快速切除电源，切断电源时间不大于0.5s，过流保护动作电流控制在0.2～0.7A。

### 13. 真空断路器试验中测量每相导电回路的电阻的标准是什么，怎样连接线路?

每相导电回路的电阻值测量，宜采用电流不小于100A的直流压降法。测试结果应符合产品技术条件的规定。

使用回路电阻测试仪，接线方法如图2-9-5所示。

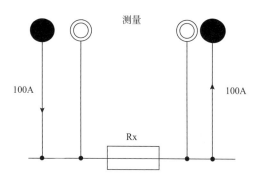

图2-9-5　回路电阻测试仪连接线路图

### 14. 测量断路器合闸时触头的弹跳时间应符合什么规定?

(1)40.5kV以下断路器不应大于2ms。

(2)40.5kV及以上断路器不应大于3ms。

(3)对于电流3kA及以上的10kV真空断路器，弹跳时间如不满足小于 2ms，应符合产品技术条件的规定。

### 15. 测量二次回路绝缘电阻应符合哪些规定？

(1)小母线在断开所有其它并联支路时，不应小于 10MΩ。

(2)二次回路的每一支路和断路器、隔离开关、操动机构的电源回路等不应小于 1MΩ，在比较潮湿的地方，可不小于 0.5MΩ。

### 16. 二次回路交流耐压试验应符合哪些规定？

(1)试验电压为 1000V。当回路绝缘电阻值在 10MΩ 以上时，可采用 2500V 兆欧表代替，试验持续时间为 1min，且应符合产品技术规定。

(2)48V 及以下电压等级回路可不做交流耐压试验；回路中有电子元器件设备的，试验时应将插件拔出或将其两端短接。

### 17. 电压互感器二次绕组为什么不能短路？

由于电压互感器的正常负载是阻抗很大的仪表，继电器电压线圈或自动装置的电压线圈发生短路后，二次回路阻抗仅仅是互感器二次绕组的阻抗，因此在二次回路中会产生很大的短路电流，影响测量表计的指示，造成继电保护误动，甚至烧毁互感器。

### 18. 动力配电装置的交流耐压试验应符合哪些规定？

(1)交流耐压试验为各相对地，试验电压为 1000V，当回路绝缘电阻值在 10MΩ 以上时，可采用 2500V 兆欧表代替，试验持续时间为 1min，或符合产品技术规定。

(2)48V 及以下电压等级配电装置不做耐压试验。

### 19. 高压电缆耐压测试需要进行哪些试验？哪些设备将被使用？

(1)需要做的试验有：主绝缘及外护层绝缘电阻测量，主绝缘直流耐压试验及泄漏电流测量，主绝缘交流耐压试验，主回路相位检查试验。

（2）用到的设备有：串联谐振装置，绝缘电阻测试仪，直流电阻测试仪，高频直流发生器，万用表。

## 20. 高压断路器试验都有哪些内容及注意事项?

高压断路器试验内容：

（1）主回路，辅助和控制回路的绝缘试验。

（2）导电回路电阻测量。

（3）机械特性及机械操作试验。

（4）交流耐压试验。

（5）分合闸线圈及合闸接触器线圈的直流电阻试验。

注意事项：

（1）监护人员和操作人员劳动防护用品均应穿戴整齐。

（2）试验期间，随时注意观察，如发现异常，立即终止试验。

（3）耐压时，要拉警戒绳，并且挂"高压危险，禁止入内"标示牌。

## 21. PT 柜退出应遵循什么原则?

先退直流，后退交流。先退二次，后退一次。

## 22. 快切装置的串联和并联的区别是什么?

串联是先分后合，并联是先合后分。

## 23. 电动机空载试运转的质量标准是什么?

（1）电动机转向正确。

（2）空载试运一般不少于 2h，并应以轴承温度稳定且不超过规定值为准。

（3）测量空载电流为额定电流的 30% 左右，三相电流平衡（各相电流差值不大于三相平均值的 10%），且无周期性摆动。

（4）各部位振动不超标。

（5）各部位声音正常，无异音。

## 24. 一台低压电机跳闸后，如何进行故障处理？

（1）检查是空气开关动作（或熔断器熔断）还是综保器或热元件动作，判断故障性质。如果是热元件动作或综保显示过流动作，应对所带机械进行检查。如果是过载引起，可在热状态下再启动一次电机，启动前应摇测电机绝缘，启动后检查三相电流是否正常；如果是空开动作或综保显示断相或堵转，应将本回路空气开关断开，对电机及负载、电缆及其主回路中配电元件、母排及各接点进行检查，直到查出跳闸原因。

（2）如果空气开关和热元件（或综保器）均未动作，则应检查控制回路熔断器是否熔断，控制电缆、现场操作柱、二次回路是否断线，接触器线圈是否完好。

## 25. 检修设备停电，时对已拉开的断路器和隔离开关应采取哪些措施？

（1）断开断路器和隔离开关的操作电源。

（2）隔离开关操作把手必须锁住。

# 第三篇　质量控制

# 第一章　接地安装

**1. 图3－1－1中从地面引出的接地线安装是否符合规范要求？正确做法和规范要求是什么？**

不符合规范要求，接地线出地坪裸露在外，未加防护措施。

图3－1－1

正确做法：接地线出地面时应增加保护管保护。

规范要求：接地线应采取防止发生机械损伤和化学腐蚀的措施。在与公路、铁路或管道等交叉处，应用钢管或角钢加以保护。接地线在穿过墙壁、楼板和地坪处应加装钢管或其他坚固的保护套(GB 50169《电气装置安装工程　接地装置施工及验收规范》)。

## 2. 图 3-1-2 中存在哪些安装质量问题，正确做法是什么？

存在四个安装质量问题，分别是：

（1）照明接线盒外接地螺栓未做接地连接。

（2）引入口与钢管直接连接无过渡压紧元件，不符合装置防爆要求。

（3）引入口未有效封堵，不符合装置防爆要求。

（4）设备端盖与壳体之间紧固件缺失。

图 3-1-2

正确做法：交、直流电力电缆的接头盒、终端头和膨胀器的金属外壳和可触及的电缆金属护层和穿线的钢管。穿线的钢管之间或钢管和电气设备之间有金属软管过渡的，应保证金属软管段接地畅通。。

规范要求：电缆与电气设备连接时，应选用与电缆外径相适应的引入装置，当选用的电气设备的引入装置与电缆的外径不相适应时，应采用过渡接线方式，电缆与过渡线应在相应的防爆接线盒内连接。

电气设备、接线盒和端子箱上多余的引线孔，应采用防爆丝堵堵塞严密。当孔内垫有弹性密封圈时，则弹性密封圈的外侧应设钢质堵板，其厚度不应小于2mm，钢质堵板应经压盘或螺母压紧。

爆炸和火灾性危险环境的照明配管螺纹加工应光滑、完整、无锈蚀，在螺纹上应涂以电力复合脂或导电性防锈脂。不得在螺纹上缠麻或绝缘胶带及其他油漆，外露丝扣不应过长（SH 3612《石油化工电气工程施工技术规程》）。

### 3. 图3–1–3中接地线安装存在什么问题？正确做法和规范要求是什么？

接地螺栓缺少垫片，导致接地连接不连续。

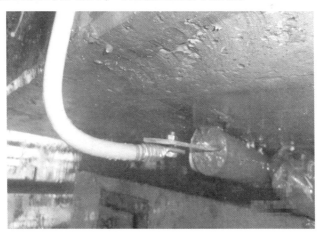

图3–1–3

正确做法：在铜端子与接地扁钢之间涂电力复合脂，增加平垫和弹垫，并拧紧连接螺栓。

规范要求：接至电气设备上的接地线，应用镀锌螺栓连接，且应设防松螺帽或防松垫片，螺栓连接处的接触面应保持清洁，并涂以电力复合脂(GB 50169《电气装置安装工程 接地装置施工及验收规范》及 GB 50149《电气装置安装工程 母线装置施工及验收规范》)。

**4. 图3－1－4中铝合金桥架接地存在什么问题？正确做法和规范要求是什么？**

铝合金桥架在每节桥架连接处未做接地跨接，不能保证桥架接地连续性。

图 3－1－4

正确做法：在桥架连接处增加接地跨接线。

规范要求：金属电缆桥架连接部位宜采用两端压接镀锡铜鼻子的铜绞线跨接，跨接线最小允许截面积不小于 $4\text{mm}^2$(GB 50169《电气装置安装工程 接地装置施工及验收规范》)。

**5. 图3－1－5中的桥架接地跨接存在什么问题？正确做法和规范要求是什么？**

桥架接地跨接不应利用连接板固定螺栓孔作为接地跨接线固

定孔。

图 3-1-5

正确做法：应在连接板外侧单独设立固定孔进行桥架接地跨接线连接孔。

规范要求：金属电缆桥架全长均应有良好的接地，镀锌钢质电缆桥架全长不大于 30m 时，不应少于 2 处与接地干线相连；全长大于 30m 时，每隔 20～30m 增加与接地干线的连接点（GB 50169《电气装置安装工程 接地装置施工及验收规范》）。

**6. 图 3-1-6 中的照明箱安装是否需要接地？规范是怎么要求的？**

图 3-1-6

照明箱需要安装接地线。

规范要求：现场电气装置的金属部分应可靠接地或接零（GB 50169《电气装置安装工程　接地装置施工及验收规范》）。

**7. 图3-1-7中接地断接卡安装时除满足搭接面要求外，紧固螺栓的设置有要求吗？图中接地断接卡扁钢型号为25mm×4mm，螺栓的设置是否符合要求？**

接地断接卡的安装对于搭接处的紧固螺栓型号、开孔大小及孔距均有要求。

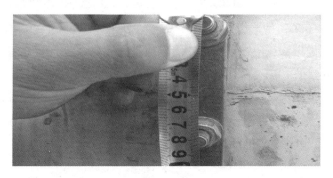

图3-1-7

规范要求：接地断接卡的安装依照硬母线安装规范相关要求进行施工，矩形母线搭接应按照规范附表施工，不同规格的母线及不同连接方式，对应不同的连接尺寸和钻孔要求。查表可知图中安装方式孔距设置不合要求，25mm×4mm的扁钢直线连接时，搭接长度为50mm，紧固螺栓选用M8型，钻孔2个，孔眼为φ9，孔距应为25mm。（GB 50169《电气装置安装工程　接地装置施工及验收规范》及GB 50149《电气装置安装工程　母线装置施工及验收规范》）。

## 8. 图 3-1-8 中安装的封闭母线存在什么问题？正确做法和规范要求是什么？

安装的封闭母线不符合要求，封闭插接母线未做接地跨接。

图 3-1-8

正确做法：在母线桥外壳连接处两侧应做接地跨接。

规范要求：金属封闭插接母线的外壳及支持结构的金属部分应可靠接地（GB 50149《电气装置安装工程 母线装置施工及验收规范》）。

## 9. 图 3-1-9 中的照明镀锌保护管是否需要安装接地跨接线？规范是怎么要求的？

断开安装在混凝土框架上的镀锌钢导管需要安装接地跨接线。

规范要求：金属的导管必须接地或接零可靠，镀锌的钢导管以专用接地卡跨接，连线为铜芯软导线，截面积不小于 $4mm^2$（GB 50303《建筑电气工程施工质量验收规范》）。

图 3-1-9

**10. 图 3-1-10 中的扁钢搭接是否符合要求？规范是怎么要求的？**

接地搭接长度及焊接面均不符合要求。

图 3-1-10

规范要求：扁钢搭接长度应为扁钢宽度的 2 倍，并至少 3 个棱边焊接；圆钢搭接长度为其直径 6 倍，双面焊接；圆钢与扁钢搭接长度为圆钢直径 6 倍，双面焊接（GB 50169《电气装置安装工程　接地装置施工及验收规范》）。

## 11. 图 3‑1‑11 中明敷的接地线存在什么问题？规范是怎么要求的？

沿墙明敷的接地线紧贴墙壁，未按规范要求保留与墙壁间的间隙。

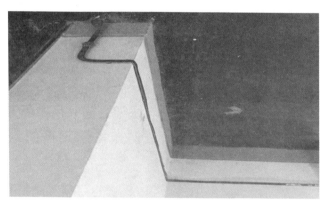

图 3‑1‑11

规范要求：明敷接地线安装沿建筑物墙壁水平敷设时，离地面距离宜为 250 ~ 300mm；接地线与建筑物墙壁间的间隙宜为 10 ~ 15mm（GB 50169《电气装置安装工程　接地装置施工及验收规范》）。

## 12. 图 3‑1‑12 中接地断接卡的安装存在什么问题？规范是怎么要求的？

接地断接卡安装螺栓缺失，接触面未涂导电膏。

规范要求：母线与母线或母线与设备接线端子的连接，接触面保持清洁，并涂以电力复合脂，螺栓与母线紧固需平垫和弹簧垫片齐全（GB 50149《电气装置安装工程　母线装置施工及验收规范》)。

图 3-1-12

**13.** 图 3-1-13 中保护管与桥架之间采用了断开式安装，是否需要安装接地跨接线？如需要正确的做法是什么？

图 3-1-13

保护管与桥架断开安装时需要连接保护联结导体。

正确做法：金属导管与金属梯架、托盘连接时，镀锌材质的连接端宜用专用接地卡固定保护联结导体，非镀锌材质的连接处应熔焊焊接保护联结导体(GB 50303《建筑电气工程施工质量验收规范》)。

## 14. 图 3－1－14 中的接地断接卡连接存在哪些问题？规范是怎么要求的？

接地断接卡安装螺栓松动，搭接面和断接卡螺孔距不符合要求，螺栓露出螺母的长度过长。

图 3－1－14

规范要求：母线与母线或母线与设备接线端子的连接，螺栓长度宜露出螺母 2～3 扣，母线接触面应连接紧密。不同规格的母线及不同连接方式，对应不同的连接尺寸和钻孔要求(GB 50149《电气装置安装工程　母线装置施工及验收规范》)。

# 第二章　保护管安装

**1. 图 3-2-1 中的金属电缆管直接对焊是否符合规范要求？规范是怎么要求的？**

金属电缆管直接对焊不符合要求。

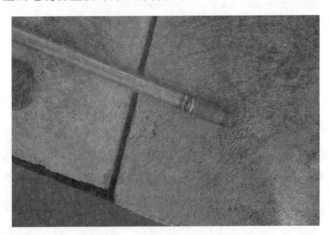

图 3-2-1

规范要求：金属电缆管不宜直接对焊、宜采用套管焊接的方式；套接的短套管或带螺纹的管接头的长度，不应小于电缆管外径的 2.2 倍（GB 50168《电气装置安装工程　电缆线路施工及验收规范》）。

**2. 图3-2-2中安装的镀锌钢钢管存在什么质量问题? 正确的做法是什么?**

镀锌钢管镀锌层在焊接过程中被破坏, 未及时采取防腐措施。

图3-2-2

正确做法: 在焊接破坏位置及时刷防腐漆进行防腐处理工作。

规范要求: 无防腐措施的金属电缆管应在外表涂防腐漆, 镀锌管锌层剥落处也应涂以防腐漆(GB 50168《电气装置安装工程电缆线路施工及验收规范》)。

**3. 图3-2-3中的电缆保护管支架设置是否符合要求? 规范是怎么要求的?**

电缆保护管支架设置不符合要求, 垂直明敷的保护管没有做支架固定。

规范要求: 电缆管明敷时应安装牢固, 支持点间的距离无设计规定时, 不宜超过3m; 对于非金属类电缆管, 支架间距不宜超过2m(GB 50168《电气装置安装工程　电缆线路施工及验收规范》)。

图3-2-3

**4. 图3-2-4中电缆保护管安装存在哪些问题？规范是怎么要求的？**

保护管安装存在以下两个问题：

图3-2-4

（1）保护管管口处毛刺未打磨干净；

（2）保护管管口未加护口。

规范要求：电缆（线）保护管内壁应光滑无毛刺，管口应无毛刺或尖锐棱角，管口宜做成喇叭型或安装护套（SH 3612《石油化工电气工程施工技术规程》）。

## 5. 图 3-2-5 中保护管的安装存在什么问题？规范是怎么要求的？

电缆保护管安装与工艺管道距离过近。

图 3-2-5

规范要求：电缆导管与热水管、蒸汽管平行敷设时，宜敷设在下面，当有困难时，可敷设在其上面。相互间的最小距离应符合规范 GB 50303 中附表 G 的规定（GB 50303《建筑电气工程施工质量验收规范》）。

## 6. 图 3-2-6 中照明保护管配管安装存在什么问题？规范是怎么要求的？

配管入灯头部分未做支架固定，导致配管不水平，影响整体美观及接线的稳定性。

图 3-2-6

　　规范要求：在水平或垂直敷设的明配保护管，其水平或垂直安装的允许偏差为 1.5%（SH 3612《石油化工电气工程施工技术规程》）。

## 7. 图 3-2-7 中灯具配管存在什么问题？规范是怎么要求的？

　　钢管与接线盒连接采用四氟带。

图 3-2-7

规范要求：钢管连接螺纹上应涂电力复合脂或导电防锈脂，不得在螺纹上缠麻或绝缘胶带及涂其他油漆（AQ3009《危险场所电气安全防爆规范》）。

## 8. 图3－2－8中保护管预埋安装存在什么问题？规范是怎么要求的？

保护管预埋未考虑排风口位置，导致预埋后安装在排风窗内。

图3－2－8

规范要求：保护管施工应按照设计要求进行明配或暗配。建筑物内暗配导管，需要与土建专业配合做好墙体或地下预埋工作，导管表面埋设深度与建筑物、构筑物表面的距离不应小于15mm（GB 50303《建筑电气工程施工质量验收规范》）。

## 9. 请根据图3－2－9中指出的问题分析其产生的原因以及防治措施，标准规范是怎么要求的？

原因分析：

（1）配管施工前未经过技术交底或技术交底工作不完善，对标准及规范的要求不清楚。

(2)施工过程中的质量控制措施不到位，三检制度等措施未落实。

(3)配管时粗心大意，下料过长或过短。

(4)材料准备中未准备护口、锁母等辅料。

防治措施：

(1)施工中的技术交底工作要到位，确保落实到班组级施工人员。

(2)质量检查及监督等控制措施要切实有效，并有效落实。

(3)配管下料前应认真实测。

(4)做好半成品的防护工作。

图 3-2-9

规范要求：

(1)钢管与线盒的连接一般采用螺纹连接(管径<50mm)或焊接(管径≥50mm)，螺纹连接时在线盒的内外壁要设护口及锁母，管端在盒内露出锁紧螺母的螺纹应为2~3扣，不应过长或过短；如采用金属护口，在盒内可不用锁紧螺母，但入箱的端口必须加

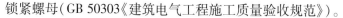

锁紧螺母（GB 50303《建筑电气工程施工质量验收规范》）。

（2）线管与线盒之间要做跨接地的焊接/连接，跨接地线的长度为圆钢直径的 6 倍，且未双面焊，不得焊穿线管、盒等（GB 50303《建筑电气工程施工质量验收规范》）。

（3）《建筑电气工程施工质量验收规范》（GB 50303—2015），12.1.1.2 条：当非镀锌钢导管采用螺纹连接时，连接处的两端应熔焊焊接保护联结导体；12.1.1.3 镀铸钢导管、可弯曲金属导管和金属柔性导管连接处的两端宜采用专用接地卡固定保护联结导体；《火灾自动报警系统施工及验收规范》（GB 50116—2007）第 3.2.9 条 金属管子入盒，盒外侧应套锁母，内侧应装护口；在吊顶内敷设时，盒的内外侧均应套锁母。

# 第三章　桥架安装

**1. 图3-3-1(a)、(b)中的电缆桥架安装存在什么问题，规范是怎么要求的？**

图3-3-1(a)中桥架切割面不平整且未打磨毛刺，易划伤电缆；图3-3-1(b)中桥架弯曲半径过小。

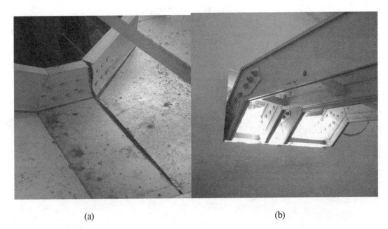

(a)　　　　　　　　　　　　　　(b)

图3-3-1

规范要求：电缆桥架切割后应进行打磨处理；电缆桥架转弯处的转弯半径，不应小于桥架上电缆最小允许弯曲半径的最大者（GB 50168《电气装置安装工程　电缆线路施工及验收规范》）。

**2. 图 3‒3‒2 中的电缆保护管是否可以从图中桥架连接板处引出，规范是怎么要求的？**

不可以，镀锌钢管不允许从桥架连接板上开孔引出。

规范要求：电缆管从连接板上开孔引出，会减少配备的紧固螺栓，减少连接面，从而减弱连接板的紧固性能（GB 50303《建筑电气工程施工质量验收规范》）。

图 3‒3‒2

**3. 图 3‒3‒3 中的电缆桥架是否需要增加支架，规范是怎么要求的？**

电缆桥架需要增加支架。

图 3‒3‒3

规范要求：电缆桥架的支架间距水平安装时不大于 3m，垂直安装时不大于 2m（SH 3612《石油化工电气工程施工技术规程》）。

**4. 图 3-3-4 中铝合金槽盒安装有什么问题，正确做法和规范要求是什么？**

铝合金材质的槽盒安装在碳钢支架上，未做隔离措施。

图 3-3-4

正确做法：加橡胶垫隔离。

规范要求：当铝合金梯架、托盘和槽盒与钢支架固定时，应有相互间绝缘的防电化腐蚀措施（GB 50303《建筑电气工程施工质量验收规范》）。

**5. 图 3-3-5 中的电缆桥架安装存在什么问题，正确做法和规范要求是什么？**

电缆桥架垂直段安装未用螺栓进行固定。

图 3-3-5

正确做法：应增加螺栓固定。

规范要求：桥架、托盘和槽盒与支架间及与连接板的固定螺栓应紧固无遗漏，螺母应位于梯架、托盘和槽盒外侧（GB 50303《建筑电气工程施工质量验收规范》）。

# 第四章　电缆敷设

**1. 图3-4-1(a)、(b)中电缆盘上的电缆存在什么问题?**

图3-4-1(a)中电缆到货明显存在应力弯曲现象。

图3-4-1(b)中电缆到货外皮破损,存在质量及问题。

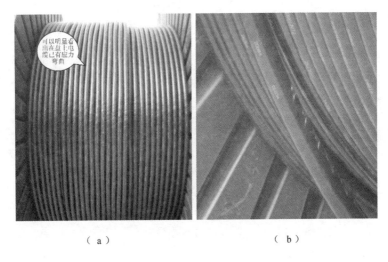

（a）　　　　　　　　　　　（b）

图3-4-1

**2. 图 3-4-2 中的电缆敷设存在什么问题，规范是怎么要求的？**

电缆在敷设过程中遇到硬物没有保护措施。应在支点处加垫电缆皮或者橡胶垫，在应力受力前段做好绑扎固定。

规范要求：电缆出入电缆梯架、托盘、槽盒及配电（控制）柜、台、箱、盘处应做固定（SH 3552《石油化工电气工程质量验收规范》)。

图 3-4-2

**3. 图 3-4-3 中穿管的动力电缆存在什么问题，规范是怎么要求的？**

动力电缆存在穿管后绞拧、带劲，电缆弯曲半径不符合要求的问题。

规范要求：电缆敷设时，电缆上不得有铠装压扁、电缆绞拧、护层折裂等未消除的机械故障，电缆的最小弯曲半径应符合设计及规程要求（GB 50168《电气装置安装工程 电缆线路施工及验收规范》)。

图 3-4-3

**4. 图 3-4-4 中电缆进入灯具的方式存在什么问题，正确做法是什么？**

照明电缆弯曲半径过小，接线盒处防水弯制作不符合要求。

图 3-4-4

正确做法：电缆在保护管和接线盒等电气设备进线口之间要弯制弧度，防止雨水等沿电缆渗入保护管或接线盒，最小弯曲半径应符合规范要求(GB 50168《电气装置安装工程　电缆线路施工及验收规范》)。

**5. 图3-4-5为一台高压电机的电缆，对于电缆的预留是否正确，规范是怎么要求的？**

不正确，由于技术人员不核对丈量现场实际路径，不做统筹规划，造成电缆裕量过大。

规范要求：敷设前施工技术人员应该按设计和实际路径计算每根电缆的长度，合理安排每盘电缆(GB 50168《电气装置安装工程　电缆线路施工及验收规范》)。

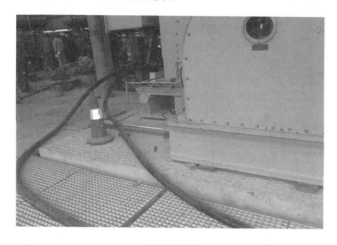

图3-4-5

**6. 图3-4-6中的电缆夹层电缆固定存在什么问题，正确做法和规范要求是什么？**

电缆固定间距不合适且采用电线绑扎。

正确做法：敷设完毕后应及时整理并使用绑扎线或卡子进行固定。

规范要求：电缆敷设完成后及时整理、固定，固定用专用绑扎线或尼龙扎带。垂直或超过45°倾斜敷设的电缆固定在每个支架上，水平敷设的电缆，首尾端、接头处，及每隔5~10m处固定(SH 3612《石油化工电气工程施工技术规程》)。

图3-4-6

### 7. 图3-4-7中变电所夹层中的上盘电缆应如何固定?

电缆夹层上盘尺寸较大的电缆应采用欧姆卡固定在支架上，电缆与支架之间需加电缆皮进行防护；成排电缆的上盘弧度保持一致；盘柜进线口的橡胶护圈不得遗漏，弧圈开孔大小根据进线电缆数量调整；电缆用绑扎带固定在角钢支架上，确保电缆头不受固定点下的电缆拉力(SH 3612《石油化工电气工程施工技术规程》)。

图 3-4-7

**8. 图 3-4-8 中进入电机的动力电缆存在什么问题，正确做法和规范要求是什么?**

动力电缆缺少支撑，电缆接头承受外力。

图 3-4-8

正确做法：电缆的首、末端，及其他易受力处应增加支架固定，特别是电机接线箱处动力电缆，应保证其不受外力。

规范要求：在电缆垂直敷设或超过45°倾斜敷设的电缆，需要增加支架并固定（GB 50168《电气装置安装工程　电缆线路施工及验收规范》）

## 9. 图 3-4-9 中桥架电缆敷设存在什么问题，正确做法是什么？

电气桥架内电缆敷设完毕后未整理，电缆敷设交叉凌乱。

图 3-4-9

正确做法：电缆敷设时应排列整齐，不宜交叉，加以固定，并及时装设标志牌。（GB 50168《电气装置安装工程　电缆线路施工及验收规范》）。

## 10. 图 3-4-10 中电缆敷设存在什么问题，正确做法是什么？

电缆敷设完毕后未整理，不同电压等级的电缆交叉敷设。

图 3-4-10

正确做法：电缆敷设时应排列整齐，不宜交叉；不同电压等级的电缆，敷设于同一桥架内，应加隔板隔开（GB 50168《电气装置安装工程 电缆线路施工及验收规范》）。

## 11. 图 3-4-11 中的电缆在敷设完毕后，对于电缆头的处理方式是否正确，正确做法是什么？

电缆头处理方式不正确。

正确做法：在室外制作 6kV 及以上电缆终端与接头时，其空气相对湿度已为 70% 及以下；当湿度大时，可提高环境温度或加热电缆；制作塑料绝缘电力电缆终端与接头时，应防止尘埃杂物落入绝缘层内；不应在雾中或雨中施工（SH 3612《石油化工电气工程施工技术规程》）。

图 3 - 4 - 11

**12. 图 3 - 4 - 12 中敷设完的电缆，是否符合规范要求，规范是怎么要求的？**

电缆不符合规范要求，敷设电缆未注意电缆保护，导致电缆外皮破损。

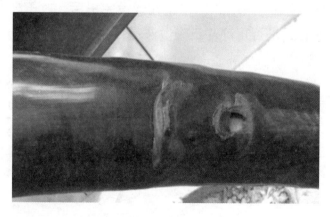

图 3 - 4 - 12

规范要求：电缆敷设时，电缆应从电缆盘的上端引出，不应使电缆在支架上与地面摩擦拖拉，不得有电缆铠装压扁、绞拧、护层折断和表面严重划伤等机械损伤（SH 3612《石油化工电气工程施工技术规程》）。

**13. 图3-4-13中的380V电源电缆和仪表信号电缆从一个接线箱孔洞穿入，是否符合要求，正确做法是什么？**

电缆进接线箱不符合规范要求。

正确做法：除设计要求外，不同回路、不同电压等级和交流与直流线路应单独布设在保护管内。特别是防爆电气设备、接线盒，电缆引入装置或设备进线口，弹性密封圈的一个孔应密封一根电缆（SH 3612《石油化工电气工程施工技术规程》）。

图3-4-13

# 第五章　电缆接线

**1. 图 3-5-1 中的照明接线盒内的接线存在什么问题，正确做法是什么？**

防爆照明接线盒原有接线柱被拆除，内部接线采用缠绕连接。

正确做法：当电缆或导线的终端连接时，电缆内部的导线如果为绞线，其终端应采用定型端子或接线鼻子进行连接（GB 50257《电气装置安装工程　爆炸和火灾危险环境电气装置施工及验收规范》）。

图 3-5-1

**2. 图 3-5-2 中已完成接线的电缆盘柜,存在哪些问题,正确做法是什么?**

电缆敷设接线后,没有及时悬挂标志牌,没有及时封堵孔洞。

正确做法:变电站内应在电缆终端头、电缆接头处装设电缆标志牌,标志牌上注明线路编号,规格统一、能防腐,挂装牢固（GB 50168《电气装置安装工程　电缆线路施工及验收规范》）。

图 3-5-2

**3. 图 3-5-3 中的高压电缆冷缩终端存在什么问题,正确做法是什么?**

高压电缆冷缩终端接线时煨弯过大导致根部断裂。

正确做法:电缆终端和接头应采取加强绝缘、密封防潮、机械保护等措施。特别 6kV 及以上高压电力电缆的终端和接头,应确保外绝缘相间和对地距离（GB 50168《电气装置安装工程　电缆线路施工及验收规范》）。

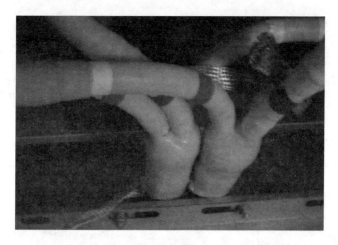

图 3-5-3

**4. 图 3-5-4 中的接地线接线方式是否正确，正确做法是什么？**

不正确。

图 3-5-4

正确做法：接地线应采用接地端子压接后再进行接线。导线或电缆线的连接，应采用有防松措施的螺栓固定，或压接、钎接、熔焊，但不得绕接(SH 3612《石油化工电气工程施工技术规程》)。

**5. 图 3–5–5 中盘柜内接线是否符合要求，正确做法是什么?**

盘柜内接线不符合要求，盘柜内杂物多，电缆未做整理，未做可靠绑扎及隔离。

正确做法：引入盘、柜内的电缆及其芯线应排列整齐、编号清晰、避免交叉、固定牢固(GB 50171《电气装置安装工程　盘柜及二次回路接线施工及验收规范》)。

图 3–5–5

**6. 图 3–5–6 中电机进线存在什么问题，正确做法是什么?**

电缆进线格兰没有拧紧。

正确做法：电气设备安装应牢固，螺栓及防松零件齐全，不松动(GB 50303《建筑电气工程施工质量验收规范》)。爆炸危险环境中电气线路，电缆引入防爆电气设备、接线盒需使用尺寸合适的压紧装置，并保证电缆接线紧固后，固定密封电缆的装置可靠压紧(GB 50257《电气装置安装工程　爆炸和火灾危险环境电气装置施工及验收规范》)。

图 3-5-6

# 第六章 防爆和密封

**1. 图 3‑6‑1 中电缆进线处存在什么问题，规范是怎么要求的？**

引入装置处电缆外径与密封圈内径不匹配。

规范要求：弹性密封圈及金属垫，应与电缆的外径匹配；其密封圈内径与电缆外径允许差值为 ±1mm。（SH 3612 石油化工电气工程施工技术规程）

图 3‑6‑1

**2. 图3-6-2中安装在变电所内的盘柜开孔是否需封堵，规范是怎么要求的？**

盘柜需要用防火堵料进行封堵，一般采用防爆胶泥进行封堵。

规范要求：在电缆穿过竖井、墙壁、楼板或进入电气盘、柜的孔洞处，用防火堵料密实封堵（GB 50168《电气装置安装工程电缆线路施工及验收规范》）。

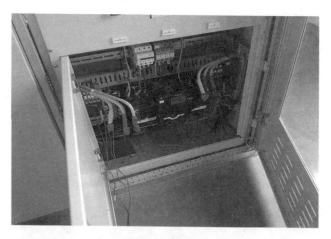

图3-6-2

**3. 图3-6-3中的保护管是否需要封堵，规范是怎么要求的？**

保护管需要进行封堵。

规范要求：电缆接线后，电缆终端相色正确，支架等金属部件防腐层完好，电缆管口封堵应严密（GB 50168《电气装置安装工程　电缆线路施工及验收规范》）。

图 3-6-3

**4. 图 3-6-4 中电缆从配电间孔洞直接穿出是否符合规范要求，规范是怎么要求的？**

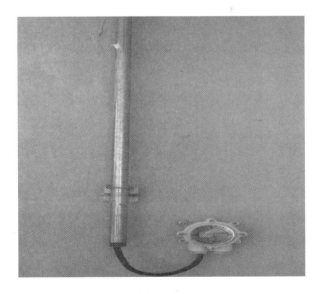

图 3-6-4

不符合要求，穿墙孔洞未进行有效封堵。

规范要求：在电缆穿过墙壁、楼板孔洞处，应用防火堵料密实封堵（GB 50168《电气装置安装工程　电缆线路施工及验收规范》）。

### 5. 图 3-6-5 中安装的配电箱存在什么问题，规范是怎么要求的？

图 3-6-5 中的配电箱多余进口未进行封堵。

规范要求：电气设备多余的电缆引入口应用适用于相关防爆型式的封堵元件进行封堵（AQ 3009《危险场所电气安全防爆规范》）。

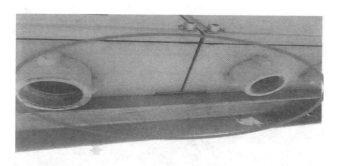

图 3-6-5

### 6. 图 3-6-6 中的路灯接线盒安装存在什么问题，规范是怎么要求的？

灯具接线盒未安装防水密封圈，不具备防水密封性。

规范要求：路灯安装灯具与基础固定应可靠，地脚螺栓备帽齐全；灯具接线盒应采用防护等级不小于 IPX5 的防水接线盒，盒盖防水密封垫应齐全、完整（GB 50303《建筑电气工程施工质量验收规范》）。

图 3-6-6

**7.** 图 **3-6-7** 中电气桥架进入变电所是否符合规范要求，正确的做法是什么？

图 3-6-7

不符合规范要求。

正确做法：电缆出入电缆沟、电气竖井、建筑物、配电柜等处以及管子管口处等部位应采取防火或密封措施，并有防止小动物进入的措施。可用防火堵料或阻火包进行封堵(GB 50303《建筑电气工程施工质量验收规范》)。

**8. 图 3-6-8 中的照明接线箱端盖与壳体之间紧固件未旋紧违反了规范中哪项条款的要求?**

违反《爆炸和火灾危险环境电气装置施工及验收规范》(GB 50257—2014/4.2.1),及《建筑电气工程施工质量验收规范》(GB 50303—2015/6.2.1)的规定。图 3-6-8 中照明箱为防爆电气设备,安装时应检查紧固螺栓应齐全,弹簧垫圈等防松设施齐全完好,弹簧垫圈应压平,密封衬垫应齐全完好,无老化变形。

图 3-6-8

**9. 图 3-6-9 中的电缆直接进入电机接线盒是否正确? 正确做法是什么?**

不正确。

正确做法:防水防潮电气设备的接线入口及接线盒盖应做密封处理。而防爆区域电缆、导线进入设备的进线口,需要通过专门的引入装置,且应保持电缆引入装置的完整性和弹性密封圈的密封性,并将压紧元件拧紧,进线口保持密封(GB 50257《电气装

置安装工程　爆炸和火灾危险环境电气装置施工及验收规范》)。

图 3-6-9

**10. 请找出图 3-6-10 中存在的施工质量问题,并分别说明原因。**

(1)灯具固定不可靠,没有辅助固定受力点,直接连接在接线盒上,违反了 SH 3612《石油化工电气工程施工技术规程》;

(2)接线盒及灯具外壳没有接地,违反了 GB 50303《建筑电气工程施工质量验收规范》;

(3)接线盒上多余的引线孔没有用防爆丝堵可靠密封,违反了 SH 3612《石油化工电气工程施工技术规程》;

(4)保护管螺纹处缠绕填料,镀锌钢管明敷设宜采用螺纹连接方式,螺纹连接处应涂有电力复合脂,有效丝扣应不少于 6 扣,外露 2 ~3 扣。违反了 SH 3552《石油化工电气工程质量验收规范》。

图 3-6-10

**11. 图 3-6-11 中两根电缆引入同一个设备进口，是否允许，正确的做法是什么？**

图 3-6-11

不允许。

正确做法：爆炸危险环境内的电缆线路，电缆引入设备的进线口需要通过专用的压紧装置，且压紧装置需可靠起到隔离密封的作用，引入装置内的弹性密封圈的一个孔，密封一根电缆(GB 50257《电气装置安装工程　爆炸和火灾危险环境电气装置施工及验收规范》)。

## 12. 图 3-6-12 中电机的进线存在什么问题，会产生什么后果？正确方式和规范要求是什么？

电机进线处密封不严，会使电机接线盒内受潮，导致线路间绝缘降低，引发安全事故。

正确方式：应使用与电缆相匹配的密封圈进行密封。

规范要求：防水防潮电气设备的接线入口及接线盒等应做密封处理(GB 50303《建筑电气工程施工质量验收规范》)。

图 3-6-12

# 第七章　电气支架安装

**1. 图 3-7-1 中的支架焊接存在什么问题，规范是怎么要求的？**

存在支架完成后未敲药皮、未刷防腐漆的问题。

规范要求：金属支吊架焊接后应及时进行防腐处理，清理焊道，清除焊渣药皮，在焊接处 100mm 位置涂防腐漆或沥青（SH 3612《石油化工电气工程施工技术规程》）。

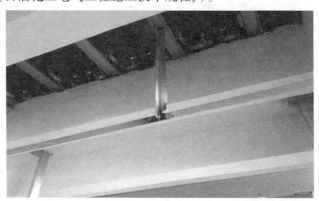

图 3-7-1

**2. 图 3-7-2 中电气保护管固定支架采用气焊开孔是否允许，正确的做法是什么？**

不允许。

正确做法：支架严禁采用气焊开孔。固定电气线路、设备和器具的支架、螺栓等部件，严禁热加工开孔（GB 50303《石油化工电气工程施工技术规程》）。

图 3-7-2

## 3. 图 3-7-3 中镀锌支架焊接存在什么问题，规范是怎么要求的？

焊接支架时未满焊，焊接不牢固，导致支架受力变形。

图 3-7-3

规范要求：电缆支架钢材应平直，无明显扭曲。支架焊接应牢固，无显著变形（GB 50168《电气装置安装工程 电缆线路施工及验收规范》）。

### 4. 图3-7-4 中的照明接线盒被埋入防火层中，应采取什么措施避免这种现象的发生？

在钢结构上安装保护管支架前，电气专业技术员应与其他专业沟通钢结构的防火厚度及防火位置，在支架安装时预留出相应的长度，避免防火材料将安装好的电气材料、设备埋入，导致二次施工。

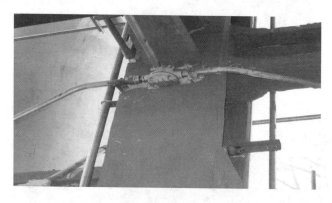

图 3-7-4

# 第八章　电气设备安装

**1. 电气盘柜安装间隙要求是多少，图 3-8-1 中的安装间隙是否符合规范要求？**

电气盘柜安装间隙应小于 2mm。

图 3-8-1 中的主变保护测控柜与公用测控柜相邻盘柜接缝柜底部有 5mm 间隙，违反了《电气装置安装工程　盘、柜及二次回路接线施工及验收规范》（GB 50171—2012）第 4.0.4 条（<2mm）规定。

图 3-8-1

**2. 图3-8-2中的配电箱安装位置是否合适，应如何避免？**

不合适，配电箱安装位置与管道冲突，阻碍开关的手动操作。安装配电箱前要仔细核对管道平面图，防止图3-8-2现象的出现。

图3-8-2

**3. 图3-8-3中的应急灯具安装存在什么问题，规范是如何要求的？**

灯具未固定，安装不牢固。

规范要求：灯具及开关安装牢固可靠（GB 50303《建筑电气工程施工质量验收规范》）。

**4. 图3-8-4中照明箱安装存在什么问题，规范是如何要求的？**

配电箱螺栓紧固件缺失且未拧紧。

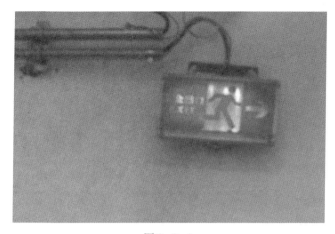

图 3-8-3

规范要求：电气设备端盖一般有防水防尘或防爆要求，应可靠紧固，紧固螺栓配有弹簧垫片，有密封垫圈的要可靠安装。图中照明箱为防爆电气设备，安装时检查紧固螺栓应齐全，弹簧垫圈等防松设施齐全完好，弹簧垫圈应压平，密封衬垫应齐全完好，无老化变形（GB 50257《电气装置安装工程 爆炸和火灾危险环境电气装置施工及验收规范》）。

图 3-8-4

**5. 图3-8-5中的盘柜基础槽钢安装存在什么问题，规范是如何要求的？**

基础型钢在拐弯处不垂直，垂直偏差大。

规范要求：基础型钢安装允许误差应符合下列规定：不直度小于1mm/m，全长小于5mm；水平度小于1mm/m，全长小于5mm；位置偏差及不平行度全长小于5mm(SH 3552《石油化工电气工程质量验收规范》)。

图3-8-5

**6. 图3-8-6中盘柜安装有什么问题，正确做法是什么？**

基础型钢固定采用钢筋侧面焊接固定，支撑强度不够，在进行盘柜安装时会导致基础变形盘柜倾斜。

正确做法：应用钢板进行梯级焊接并垫实。

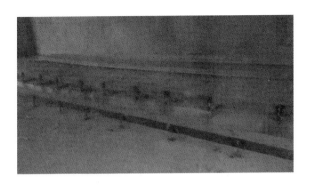

图 3-8-6

## 7. 图 3-8-7(a)、(b) 盘柜内设备损坏由什么原因造成，正确做法是什么？

在盘柜安装时未进行检查及防护是造成此类事故的主要原因。

正确做法：在进行设备安装前，应清点设备外观或者柜内零部件，在安装时合理安排安装方式，对易造成损坏的部位做好防护措施。这个过程涉及到设备的安装检查及验收过程（SH 3552《石油化工电气工程质量验收规范》）。

（a）

（b）

图 3-8-7

**8. 图 3-8-8 中的油浸式变压器散热片局部图存在什么问题，规范是如何要求的？**

在对油浸式变压器进行整体气密性试验时，未按照厂家技术文件进行施压，超压进行试验导致散热片爆裂。

规范要求：油浸式变压器安装完毕后，应在油箱顶部用气压或油压进行整体密封试验，压力应按制造厂规定；制造厂无规定时，压力为 0.03MPa，试验时间为 24h，检查应无漏油及渗油（SH 3552《石油化工电气工程质量验收规范》）。

图 3-8-8

**9. 图 3-8-9 中电缆进电机存在什么问题，正确做法是什么？**

电机压盘式进线口口径过小，进线电缆进入时对电缆造成严重挤压变形，可能会影响整个设备供电情况，存在质量安全隐患。

正确做法：在电缆敷设初期，应及时核查设备电缆型号与现场设备进线口的对应情况，对于存在较大偏差的要及时与设计联系以进行更换措施，保证电缆的可靠安装。

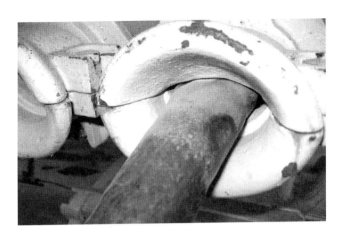

图 3-8-9

**10.** 图 3-8-10 中安装的操作柱存在什么问题，正确的做法是什么？

图 3-8-10

操作柱在安装过程中未采取防护措施，导致操作柱本体受污染。
正确做法：应采用防火布进行保护。

# 第四篇　安全知识

# 第一章　专业安全

**1. 在电气设备上工作，保证安全的组织和技术措施有哪些？**

在电气设备上工作，保证安全的组织措施：工作票制度、工作许可制度、工作监视制度、工作间断转移及终结制度。

技术措施：停电、验电、装设接地线、悬挂标示牌和装设遮栏。

**2. 化工行业静电的危害可分为几类？**

化工行业静电危害大体可分为静电灾害、静电电击、静电生产事故等三种类型。

**3. 常见的电气事故共有哪五类？**

(1)电流伤害事故。即触电事故，就是人体触及带电体所发生的事故。

(2)电磁场伤害。人体在磁场作用下，吸收辐射能量会受到不同程度的伤害。

(3)雷击事故。雷击是一种自然现象造成的事故。

(4)静电事故。指在生产过程中产生的有害静电酿成的事故。

(5)电路故障。本身属于设备事故。

**4. 电工有哪些职业禁忌症？**

(1)癫痫。

石油化工安装工程技能操作人员技术问答丛书　　电气安装工

(2)晕厥(近1年内有晕厥发作史)。

(3)2级及以上高血压(未控)。

(4)红绿色盲。

(5)心脏病及心电图明显异常(心律失常)。

(6)四肢关节运动功能障碍。

## 5. 电气配管、桥架安装、设备安装时安全注意事项有哪些?

(1)正确使用切割、打磨、钻孔等工具;切割、打磨、钻孔时戴防护面具。

(2)使用电动工具时应配备漏电保护器,严格做到"三级控制、两级保护"。

(3)在高空处安装保护管、电缆桥架和电气设备时应搭设作业平台。

(4)高处作业人员不得站在不牢靠的结构上进行作业,高处作业人员必须全程正确系挂合格安全带。

(5)在高处作业时,避免交叉作业,严禁上下投掷工具、材料和杂物等。

(6)所使用材料要堆放平稳,固定牢靠,设置安全警戒线,并设专人监护。

(7)焊接前注意观察下方是否有可燃物;焊接时使用接火盆、防火布遮盖,配备灭火器。

(8)工作前检查弯管器是否牢固,弯管时人员站在侧面。

(9)使用弯管器时不得用力过猛,管子穿线时,作业人员头部应远离管口。

(10)管廊上安装的电缆桥架应与支架连接牢固,防止桥架高空坠落,或人员踩踏倾翻发生安全事故。

（11）电缆桥架盖板安装后应及时采取固定措施，防止被风刮掉坠落。

（12）身体状况、年龄不符合要求的禁止登高作业。

### 6. 电力电缆敷设作业的安全注意事项有哪些？

（1）敷设电缆应由专人指挥、统一行动，并有明确的联系信号，不得在无指挥信号时随意拉引。所有作业人员相互配合，行动一致，注意观察。

（2）电缆敷设前，管理人员、作业人员必须联合检查所有电缆通道的安全可靠性。

（3）进入带电区域敷设电缆时，应取得运行单位同意，办理工作票，采取安全措施，并设监护人。严禁盘柜带电时向盘柜内穿电缆等作业。

（4）用兆欧表检查绝缘电阻值后，被测电缆应充分放电。

（5）电缆盘运输前，须对吊车性能、作业半径、绑扎方式、运输路线进行合理分析和具体安排。

（6）较大电缆盘采用机械吊装架盘，选择压实的承重地面；电缆盘支架制作牢固，滚杠能承受电缆盘重量，并经技术部门书面认定。

（7）滚动电缆盘时，施工人员应互相提醒，保持电缆盘与周围障碍物的距离，防止挤伤。

（8）电缆从电缆盘上端引出，电缆敷设人员站在电缆拐弯外侧，在其转弯处的内侧(小于180°)不得站人。

（9）正确站位，电缆盘处拉拽的人员应站在电缆盘侧面把盘，并及时调整电缆盘位置，使其处于平稳转动状态。

（10）电缆通过孔洞、保护管时，两侧必须设监护人，入口侧应防止电缆被卡或手被带入孔内，出口侧的人员不得在正面接引。

(11)遵守高处作业安全管理规定,用机械敷设电缆时,应遵守有关操作规程。

## 7. 使用电缆敷设机、牵引机安全注意事项有哪些?

(1)启动前先进行试运转,调试合格后方能投用。

(2)电缆敷设时,必须统一行动,动作一致,相互配合。

(3)电缆敷设机必须固定牢靠,安装敷设机的平台承重合格。

(4)严禁在带电情况下,将电源插头插入或拔出,以免发生危险。

(5)专人掌握操作和紧急停机方法。

(6)在任何情况下,不允许同时引送两根或两根以上电缆。

(7)牵引式电缆敷设机必须计算最大牵引力确保其符合牵引绳的安全性能要求。

(8)牵引绳和人体之间必须有隔离防护措施,以防钢丝绳崩断伤人。

(9)电气设备保持良好接地,电源开关使用漏电保护。

(10)敷设过程中对讲机随时沟通联系。

## 8. 安装盘柜时有哪些安全注意事项?

(1)熟悉吊装场地的松软程度,采取必要的地基处理等安全防护措施。

(2)吊装作业区域设立警戒标识,施工人员严禁在吊物下方及旋转半径内随意行走。

(3)锁定盘柜抽屉或拆下抽屉,锁住柜门,将柜内未固定物品取出。

(4)遵循高处和吊装作业管理规定。

(5)临时承重平台经安全检测合格挂牌。

(6)盘柜在平台上未稳固前吊车不摘钩。

（7）必须有三人以上扶盘，所有施工人员统一指挥，相互配合，协调一致。

（8）降低运载小车重心，增大转弯半径，在转弯时要缓慢，扶正盘柜，防止离心力致倾倒，小车保持匀速运行。

（9）从进入变电所、控制室施工开始，到安装盘柜前，预留洞口作硬防护并挂标示牌。

（10）就位时人员注意力高度集中，注意脚下孔洞。

（11）搬运和安装时应有专人指挥，找准重心和平衡，不得倾倒、震动、撞击。

### 9. 安装变压器时有哪些安全注意事项？

（1）熟悉吊装场地的松软程度，采取必要的地基处理等安全防护措施。

（2）吊装作业区域设立警戒标识，施工人员严禁在吊物下方及旋转半径内随意行走。

（3）遵循高处和吊装作业管理规定。

（4）临时承重平台经安全检测合格挂牌。

（5）盘柜、变压器在平台上未稳固前吊车不摘钩。

（6）选用相匹配的千斤顶，千斤顶支撑坚固可靠。

（7）选择环境整洁、天气良好时组对附件，附件摆放安全，拿稳扶好，要有两人以上配合。

（8）如变压器间没有可悬挂安全带的地方，必须搭设作业平台或拉设生命绳。

（9）搬运和安装时应有专人指挥，找准重心和平衡，不得倾倒、震动、撞击。

（10）滤油前检查油路，设置集油池、集油桶；滤油时，远离火源，配备灭火器。

（11）充氮变压器、电抗器未经充分排氮（其气体含氧密度 >

18%），严禁工作人员入内。充氮变压器注油时，任何人不得在排气孔处停留。

（12)进行变压器、电抗器内部检查时，通风和照明必须良好，并设专人监护；工作人员应穿检修工作服、耐油防滑靴，带入的工具必须拴绳、登记、清点，严防工具及杂物遗留在器体内。

## 10. 电气调试安全注意事项有哪些?

（1)电气试验场所应设置保护零线或接地线。试验台上和试验台前应铺设绝缘垫板。试验电源应按类别、相别、电压等级合理布设，并做出明显标志。

（2）系统调试中，调试的设备、线路应与运行的设备、线路采取隔离措施。

（3)试验区应设临时围栏、悬挂警告牌，并设专人监护。

（4)高压设备在试验合格后，应接地放电。用直流电进行试验的大容量电机、电容器、电缆等，应用带电阻的接地棒放电，再接地或短路放电。

（5)雷雨时，应停止高压试验。

（6）用兆欧表测定绝缘电阻值时，被试件应与电源断开。试验后试件应充分放电。

（7）电压互感器的二次回路作通电试验时，二次回路应与电压互感器断开。

（8）电流互感器的二次回路不得开路，并经检查确认后，方可在一次侧进行通电试验。

（9）在与运行系统有关的继电保护或自动装置调试时，应办理试验工作票。

（10）严禁采用预约停送电的方式，在线路和设备上进行任何作业。

（11）多线路电源的配电系统，应在并列运行前核对相序（位）。

## 11. 停送电作业安全措施有哪些?

（1）在运行中的变、配电系统的高低压设备和线路上作业时，必须办理作业票；必须切断电源、验电、接地，并装设围栏、悬挂警示牌。

（2）电气设备停电，应先停负荷，先低压后高压依次断开电源开关和隔离电器，取下控制回路的熔断器，锁上操作手柄。

（3）在切断电源时，与停电设备有关的变压器和电压互感器等。应从高、低压两侧断开，并有可见断开点，悬挂"有人工作，严禁合闸"的警示牌。

（4）在室内配电装置某一间隔中工作时或在变电所室外带电区域工作时，带电区周围应设置临时围栏，悬挂警示牌。严禁操作人员在工作中拆除或移动围栏、携带型接地线和警示牌。

（5）高压电气设备停电后，必须用验电器检验，不得有电。

（6）装设接地线时，应先装设接地的一端，再装接设备的一端。在装接设备一端时，应先将设备放电。

（7）线路送电必须先通知用电单位。

（8）对已拆除接地线或短路线的高压电气设备，均视为有电，不得接触。

## 12. 验电时应符合哪些规定?

（1）验电器必须经试验合格。

（2）操作人员必须戴橡胶绝缘手套，穿绝缘鞋。

（3）验电时，必须在专人监护下进行。

（4）室外设备验电必须在干燥环境中进行。

### 13. 设备放电时有哪些注意事项？

（1）对可能送电到停电设备的各线路，均应装设接地线，并将三相短路。接地线应采用裸铜软线，装设在设备的明显处，并与带电体保持规定的安全距离。

（2）在已断开电源的设备上进行作业时，应将设备两侧的馈电线路断开并接地。长度大于10m的母线，其接地不少于两处。

（3）装、拆接地线时，应使用绝缘棒，并戴橡胶绝缘手套。

### 14. 线路恢复供电时有哪些注意事项？

（1）作业人员应全部退出施工现场，并清点工具、材料，设备上不得遗留物件。

（2）拆除携带型接地线。

（3）拆除临时围栏和警示牌后，应恢复常设围栏，并同时办理工作票封票手续。

（4）合闸送电，应按先高压、后低压，先隔离开关、后主开关的顺序进行。

### 15. 电气设备（高压开关柜）五种防误功能，（电气"五防"）是指什么？

（1）防止带负荷合闸：真空断路器小车在试验位置合闸后，小车断路器无法进入工作位置。

（2）防止带接地线合闸：接地刀在合位时，小车断路器无法进合闸。

（3）防止误入带电间隔：真空断路器在合闸工作时，盘柜后门用接地刀上的机械与柜门闭锁。

（4）防止带电合接地线：真空断路器在工作时合闸，合接地刀无法投入。

（5）防止带负荷拉刀闸：真空断路器在工作合闸运行时，无

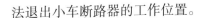

法退出小车断路器的工作位置。

### 16. 装拆接地线顺序有何要求？

装设接地线必须先装接地端，后接设备端，且必须接触良好，连接可靠，拆接地线的顺序与此相反。

### 17. 电气工作许可人在完成现场的安全措施后，还应做哪些工作？

(1) 会同工作负责人到现场再次检查所做的安全措施，确认检修设备无电压。

(2) 对工作负责人指明带电设备的位置和注意事项。

(3) 和工作负责人在工作票上分别确认、签名。

### 18. 怎样办理电气工作结束手续？

全部工作完毕后，工作班应清扫、整理现场。工作负责人应先周密的检查，待全体工作人员撤离工作地点后，再向值班人员讲清所修项目、发现的问题、试验结果和存在问题等，并与值班人员共同检查设备状况、有无遗留物件、是否清洁等，然后在工作票上填写工作终结时间，经双方签名后，工作票方可终结。

### 19. 消除静电危害的措施有哪些？

静电控制法、自然泄漏法、静电中和法、静电接地法。除采用上述对策措施外，现场人员在有可能产生静电的场所应穿防静电工作服和工作鞋，并将人体静电泄入大地。

### 20. 什么是安全电压？

安全电压也称特低电压或安全超低电压。其工频有效值不超过 50V，直流不超过 120V，其安全装置及回路配置均应符合安全要求。安全电压是制定安全措施的重要依据，我们规定工频有效值 42V、36V、24V、12V、6V 为安全电压。

## 21. 安全电压和人体的安全电流有什么关系？

安全电压决定于人体允许电流和人体电阻，安全电压值等于人体允许电流和人体电阻的乘积。

## 22. 电对人体的伤害有哪几种？

电对人体的伤害有电击和电伤两种。电击是电流通过人体内部，破坏人的心脏、神经系统、肺部的正常工作造成的伤害。电伤是电流的热效应、化学效应或机械效应对人体造成的伤害，包括电弧烧伤、烫伤、电烙印、皮肤金属化、电气机械性伤害、电光眼等不同形式的伤害。

## 23. 电流对人体伤害的严重程度与什么有关？

电流通过人体内部，对人体伤害的严重程度与通过人体的电流大小、电流通过人体的持续时间、电流通过人体的途径、电流的种类及人体的状况等多种因素有关，而且各因素之间，特别是电流大小与通电时间之间有着十分密切的关系。

## 24. 电击是如何使人受伤的？

电击是电流通过人体，机体组织受到刺激，肌肉不由自主地发生痉挛性收缩造成的伤害。严重的电击是指人的心脏、肺部、神经系统的正常工作受到破坏，乃至危及生命的伤害。

## 25. 为什么带电体和地面、设备、带电体之间应保持必要的距离？

间距是将带电体置于人员、设备设施所及范围之外的安全措施。带电体与地面之间、带电体与其他设备和设施之间、带电体和带电体之间应保持必要的距离。间距可以防止人体触及或过分接近带电体和防止车辆或其他物体碰撞或过分接近带电体，间距还有利于检修安全和防止电气火灾及各种短路事故。

## 26. 发现有人触电应如何处理？

应立即切断电源，使触电者脱离电源，并进行急救。如在高空工作，抢救时必须注意防止高空坠落。

## 27. 触电急救的方法是什么？

(1)触电急救，首先是使触电者迅速脱离电源，越快越好，因为电流作用的时间越长，伤害越重。

(2)脱离电源就是要把触电者接触的那一部分带电设备的开关、刀闸或其他断路设备断开，或设法将触电者与带电设备脱离。在脱离电源中，救护人员既要救人，也要保护自己。

(3)触电者未脱离电源前，救护人员不准直接用手触及伤员，因为有触电危险。

(4)如触电者处于高处，脱离电源后会自高处坠落，因此要采取预防措施。

(5)触电者触及低压带电设备，救护人员应设法迅速切断电源，或使用绝缘工具、干燥的木棒、木板、绳索等不导电的东西解脱触电者。

(6)触电者触及高压带电设备，救护人员应迅速切断电源，或用适合该电压等级的绝缘工具解脱触电者。救护人员在抢救过程中应注意保持自身与周围带电部分必要的安全距离。

(7)触电发生在架空线杆塔上，若不能立即切断线路电源时，应迅速切断电源，或者由救护人员迅速登杆，束好自己的安全皮带后，用带绝缘胶柄的钢丝钳、干燥的不导电物体或绝缘物体将触电者脱离电源。

(8)触电者触及断落在地上的带电高压导线，且尚未确认线路无电，救护人员在未做好安全措施前，不能接近断线点8～10m范围内，防止跨步电压伤人。触电者脱离带电导线后应迅速带至

8~10m 以外后立即开始触电急救。只有确定线路已经无电，才可在触电者离开触电导线后，立即就地进行急救。

(9)救护触电伤员切除电源时，有时会同时使照明失电，因此应考虑事故照明，应急灯等临时照明。新的照明要符合使用场所防火，防爆的要求，但不能因此延误切除电源和急救。

### 28. 如何脱离跨步电压区？

采用双脚并拢或单脚跳离跨步电压区。

### 29. 雷暴时应注意采取哪些必要的防范措施？

(1)雷暴时，非工作必要，应尽量少在户外或野外逗留，在户外或野外宜穿塑料等不浸水的雨衣、胶鞋(绝缘鞋)等。

(2)雷暴时，宜进入有宽大金属构架或有防雷设施的建筑物、汽车或船内。在建筑物或高大树木屏蔽的街道躲避雷暴时，应离开墙壁和树干 8m 以上。

(3)雷暴时，应尽量离开小山、小丘、海滨、湖滨、河边、池旁、铁丝网、金属晒衣绳、旗杆、烟囱、宝塔、孤独的树木和无防雷设施的小建筑物和其他设施。

(4)雷暴时，在户内还应注意雷电侵入波的危险，应离开照明线、动力线、电话线、广播线、收音机和电视机电源线的天线以及与其相连的各种设备 1.5m 以上，以防这些线路或导体对人体的二次放电。

(5)雷暴时，还应注意关闭门窗，防止球型雷进入室内造成危害。

### 30. 高低压带电作业个体防护装备如何选用？

(1)低压(1kV 以下)带电作业选用：绝缘手套、绝缘鞋、绝缘服、安全帽(带电绝缘性能)、防冲击护目镜。

(2)1~10kV 带电作业选用：安全帽(带电绝缘性能)、绝缘手套、绝缘鞋、绝缘服、带电作业屏蔽服、防电弧服。

（3）10～500kV带电作业选用：带电作业屏蔽服、防强光、紫外线、红外线护目镜或面罩。

### 31. 手持电动工具安全注意事项有哪些？

（1）必须选用具有"中国电工产品安全认证""产品合格证"标识的电动工具。

（2）电动工具应定期检查其安全性能，检查周期为1个月。

（3）手持电动工具的绝缘电阻必须满足以下指标：用500V绝缘电阻测试仪测量，带电部件与外壳之间绝缘电阻值：Ⅰ类工具≥2 MΩ，Ⅱ类工具≥7 MΩ，Ⅲ类工具≥1MΩ。

（4）手持式电动工具必须采取橡皮护套铜芯软电缆，不得有接头。

（5）使用电动工具时，必须按照电动工具使用说明书和操作规程操作。

（6）操作人员施加的压力不得超过工具所允许限度。不允许超载使用。

（7）使用时，严禁人体与旋转部位接近、接触。

（8）电气设备保持良好接地，电源开关使用漏电保护。

### 32. 电气设备着火时应如何处理？

（1）应立即将有关设备的电源切断，然后进行救火。对可能带电的电气设备以及发电机、电动机等，应使用干粉灭火器灭火；对油开关、变压器(已隔离电源)可使用干粉灭火器、二氟一氯一溴甲烷(1211)灭火器等灭火。不能扑灭时再用泡沫灭火器灭火，不得已时可用干砂灭火；地上的绝缘油着火，应用干砂灭火。火灾发生后切断电源时，应先做好安全防护措施(如戴绝缘手套、穿绝缘靴，使用电压等级合格的绝缘工具)；停电时，应按照倒闸操作顺序进行。

（2）切断带电线路时，切断点应选择在电源侧支持物附近；切断电源的地点要适当，以免影响灭火工作；切断电源时，不同相线应不在同一位置切断，并分相切断。

（3）夜间发生电气火灾，切断电源时要解决临时照明，以利扑救。

（4）需要供电单位切断电源时，应迅速用电话联系。

### 33. 哪些灭火器可以用于带电灭火，哪些灭火器不能用于带电灭火？

（1）用于带电灭火的灭火器：二氧化碳、四氯化碳、二氟一氯一溴甲烷（1211）、二氟二溴甲烷或干粉灭火器，其灭火剂是不导电的。

（2）不能用于带电灭火的灭火器是泡沫灭火器。泡沫灭火器的灭火剂（水溶性）有一定的导电性，并影响设备绝缘，故不能采用。

### 34. 工作人员与不停电设备安全距离为多少？

配电设备部分停电的工作，工作人员与未停电设备安全距离不符合表4-1-1规定时应装设临时遮栏。其与带电部分的距离应符合表4-1-2的规定。临时遮栏应装设牢固，并悬挂"止步，高压危险！"的标示牌。35kV及以下设备可用与带电部分直接接触的绝缘隔板代替临时遮栏。

表4-1-1　配电设备不停电时的安全距离

| 电压等级/kV | 安全距离/m |
| --- | --- |
| 10及以下 | 0.7 |
| 20、35 | 1 |

注：表中未列电压应选用高一电压等级的安全距离。

表 4-1-2　人员工作中与配电设备带电部分的安全距离

| 电压等级/kV | 安全距离/m |
| --- | --- |
| 10 及以下 | 0.35 |
| 20、35 | 0.60 |

## 35. 施工现场临时用电三级配电箱漏电保护设置有何规定？

第三级配电箱应将漏电保护器设置在线路末端用电设备的开关箱中，其额定漏电动作电流不超过 30mA、额定漏电动作时间不大于 0.1s；在潮湿、有腐蚀介质场所、导电粉尘场所、受限空间作业中、手持式电动工具和移动式设备开关箱中所采用的漏电保护器其额定漏电动作电流不超过 15mA、额定漏电动作时间不大于 0.1s。

# 第二章 通用安全

**1. 中国石油化工集团公司安全理念是什么？**

(1)安全源于设计，安全源于管理，安全源于责任。

(2)谁的业务谁负责，谁的属地谁负责，谁的岗位谁负责。

(3)上岗必须接受安全培训，培训不合格不上岗。

(4)任何人都有权拒绝不安全的工作，任何人都有权制止不安全的行为。

(5)所有事故都可以预防，所有事故都可以追溯到管理原因。

(6)尽职免责、失职追责。

**2. 中国石化规定"七想七不干"具体内容是什么？**

想安全禁令，不遵守不干。

想安全风险，不清楚不干。

想安全措施，不完善不干。

想安全环境，不合格不干。

想安全技能，不具备不干。

想安全用品，不配齐不干。

想安全确认，不落实不干。

**3. 工程建设企业特殊岗位人员有哪些？**

工程建设企业特殊岗位人员是指按照国家、地方政府、集团公司要求，需要经过专项培训，取得相应机构颁发的具有法定效力的 HSE 岗位资格证书的从业人员。

（1）特种作业人员。包括：电工作业人员（高压电工、低压电工、防爆电工、进网电工）、焊接与热切割作业人员、架子工、起重机械作业人员（起重司机、指挥、安装与维修）及符合特殊岗位作业人员定义的其他直接作业人员。

（2）安全管理人员。包括：安全生产负责人、安全生产管理人员、安全管理监督专职人员。

**4. 施工作业过程中施工作业人员对哪些行为有权拒绝施工，并应及时向施工负责人或 HSE 主管部门反映？**

施工作业人员对违章指挥或违反 HSE 管理规定，可能造成人身伤害、环境污染、设备财产损失的施工作业有权拒绝施工。

（1）安全措施未落实，尚不具备施工条件的作业。

（2）劳动防护用品不符合施工作业要求。

（3）机具设备存在影响使用安全的故障。

（4）按规定应办理的作业许可手续未办齐全或监护不到位。

（5）作业人员本人不能或不适宜进行的作业。

（6）其它可能存在事故隐患的作业。

**5. 按标志性质 HSE 警示标志牌可划分为哪四种基本类型？**

（1）禁止标志，禁止人们不安全行为的图形标志，常用的有：禁止吸烟、禁止烟火、禁止合闸、禁止靠近、禁止停留、禁止通行、禁止带火种、禁止入内、禁止跨越、禁止攀登、禁止跳下、禁止抛物等。

（2）警告标志，提醒人们对周围环境需要注意，以避免可能发生危险、危害的图形标志，常用的有：注意安全、当心触电、当心落物、当心车辆、当心坠落、当心滑倒、当心火灾、当心爆炸、当心机械伤人、当心塌方、当心坑洞、当心吊物、当心碰头等。

（3）指令标志，强制人们做出某种动作或采用防范措施的图形标志，常用的有：必须戴安全帽、必须系安全带、必须戴防尘口罩、必须戴防毒口罩、必须戴防护镜等。

（4）提示标志，向人们提供相关安全、健康信息的图形标志，常用的有：紧急出口、应急避难(集中)场所、急救点、医疗站、应急电话等。

## 6. 施工作业"三违"是指什么？

违章作业、违章指挥、违反劳动纪律。

## 7. 哪些作业必须执行挂牌上锁程序？

（1）与动力系统联结的设备作业，如电气、气动、液压装置。

（2）非重复性的、非日常性的安装调试、检修作业。

（3）检修地点看不到供电线路开关的设备时的检修作业。

（4）在有害能源可能突然释放的地方作业(包括但不仅限于电力、化学、气动、机械、热能、液压、弹簧复位和重物下落等)。

## 8. 机械挖掘时应注意哪些？

（1）挖掘设备必须经主管部门检查合格后方可进入现场。

（2）挖掘设备操作人员必须具备相应操作技能，取得特殊工种操作证书；应每天对挖掘机械的安全状况进行检查，并做好记录。

（3）确保挖掘作业人员经过入场安全培训和挖掘专项培训等，能够识别潜在危险和了解安全防范措施。

（4）挖掘前必须申领挖掘工作许可证，所有挖掘工作须登记在案。作业班组申请许可证时须提交挖掘作业 JSA（工作安全分析），项目部许可证主管部门审核并监督落实。

（5）挖掘前确认地下有无管线、电缆等设施。

（6）挖掘时若遇到地下设施，如混凝土、管线和电缆时必须停止工作。

（7）挖掘设备工作时须由专人进行指挥。

（8）用警戒挖掘设备工作范围隔离，挖掘设备工作范围内严禁站人。

（9）数台挖掘设备同时作业时，应按要求保持合理间距，并安排人员监护和指挥。

（10）开挖深度和放坡比例，堆土位置、护坡符合规定要求。

## 9. 高处作业的定义和分级是什么，几米以上高处作业必须办理作业许可证？

高处作业是指在坠落高度基准面 2m 以上（含 2m）有坠落可能的位置进行的作业，包括上下攀援等空中移动过程。

高处作业的分级：

（1）高度 $H \sim 2m$ 至 5m 时，称为一级高处作业。

（2）高度 $H \sim 5m$ 以上至 15m 时，称为二级高处作业。

（3）高度 $H \sim 15m$ 以上至 30m 时，称为三级高处作业。

（4）高度 $H \sim 30m$ 以上时，称为特级高处作业。

经过危害分析，由于作业环境的危害因素导致风险度增加时，高处作业应进行升级管理。

5m 以上高处作业必须办理高处作业许可证。高处作业人员作业前需提供体检报告。

### 10. 脚手架的使用有何要求？

（1）脚手架搭设应由使用单位提出申请，填写《脚手架搭设委托单》，并对所需搭设的脚手架规格等提出明确要求，交付搭设作业班组实施。

(2)脚手架搭设完毕，架设作业班组必须按施工要求先进行全面自检，然后通知项目部脚手架检查员和脚手架使用单位，三方共同进行检查验收，使用单位负责人从作业需求方面检查作业面及通道设置，若能满足作业需要，由脚手架检查员根据脚手架相关标准进行脚手架结构检查，验收合格后挂绿牌后方可使用，否则视为不合格脚手架挂红牌禁止使用。

(3)作业人员应从斜道或专用梯子到作业层，不得沿脚手架攀登。

(4)脚手架必须每七天进行一次定期检查，并在脚手架绿牌后面检查记录表中进行记录，大风暴雨后应进行全面检查，如有松动、折裂或倾斜等情况，应及时紧固或更换。

(5)风力达到或超过6级应停止在脚手架上作业。

(6)冬季施工时应清除脚手架作业层上的积雪。

(7)脚手架应设避雷装置，雷雨天时作业人员必须及时撤离脚手架。

(8)在脚手架下或近处挖土时，应先加固脚手架。

(9)脚手架在使用过程中，不得随意拆除架杆和脚手板，更不得局部切割和损坏，在发现有损坏或其它脚手架有不合格的地方，任何人员可以将脚手架绿牌摘除并及时报告脚手架检查员、工程管理部门或 HSE 管理人员。

## 11. 水平生命线设置有何要求?

(1)作业单位在安装平台上方设置水平生命线系统，生命线为直径12mm的钢丝绳，最小破坏力不小于38.1kN，以无损伤的钢缆作为生命线为宜，不得使用一般的尼龙或聚丙烯材料的绳索，其安装要求应符合制造商的相关说明。

(2)水平生命线两端的支持点、支持杆、连接件或其它系统元件应最少能承受22kN的冲击力，同时避免同尖锐边缘的摩擦。

设立锚固点可选择坚固的钢结构部件，但是不得设立在小直径的管件、伸出梁、栏杆、通风道上面。

（3）生命线两端应固定在牢固可靠的构架上，在构架上缠绕不得少于2圈，与构架棱角处相接触时应加衬垫，防止钢丝绳磨损达不到安全要求。

（4）端部固定必须使用绳卡连接方式，用绳卡连接时，绳卡数量不少于3个，同时应保证连接强度不小于钢丝绳破断拉力的85%，禁止用打结的方式来固定。绳卡压板应在钢丝绳长头一边，卡绳间距不小于钢丝绳直径的6倍。

（5）水平的生命线设置高度参照成人的肩膀到作业面的距离，原则上生命线每隔10m架设一个锚固点或支持杆，钢丝绳固定后弧垂应为10~30mm。

### 12. 临边作业防护有哪些要求？

（1）所有可能发生高处坠落的周边，都应设置防护栏杆，护栏为双护栏杆，上、中护栏的高度分别是1~1.2m、0.5~0.6m，且同时设置踢脚板。

（2）井架与施工用电梯，垂直运输接送料平台，除在建筑物通道两侧设防护栏杆外，平台口还应设置安全门和活动防护栏杆；地面通道上空应设防护棚，双笼井架通道中间应分隔封闭。

（3）临街（或道路）作业区的周边，必须采取可靠的封闭措施，防止物体从高处坠落。封闭措施包括安全网、地面设置硬护栏等；高处作业坠落半径必须设置警戒和标示。

### 13. 洞口作业防护有哪些要求？

（1）在洞口和因工程工序需要而产生的使人与物有坠落危险或危及人身安全的其他洞口进行高处作业时，必须设置防护设施。

(2)施工现场通道附近的各类洞口与坑、槽等处，除应设置防护设施外，夜间还应设红灯作警示。

(3)对边长或最大直径小于1.5m的洞口，应用坚实的盖板或钢管、钢筋构成的防护网格盖住洞口，并加以固定；必须封闭时，应在防护网格上满铺脚手板和其他隔离物品。

(4)对边长大于1.5m的洞口，四周应设防护栏杆，护栏为双护栏杆，上、中护栏的高度分别是1~1.2m、0.5~0.6m，且同时设置踢脚板；洞口下应张设安全网。

(5)对邻近作业的人与物有坠落危险性的竖向洞口、孔及管口，均应设置防护设施。

(6)所有洞口设置警示标识。

(7)对于高处框架平台上的设备(管道)预留孔洞，在设备(管道)安装过程中，必须在孔洞外围搭设脚手架硬护栏或设置生命绳，保障安装人员100%系挂安全带。

### 14."受限空间"定义是什么？

"受限空间"是指进出口受限，通风不良，可能存在有毒有害物质或缺氧，对进入或探入人员的身体健康和生命安全构成危害的封闭、半封闭设施及场所，如反应器、塔、罐、仓、釜、槽车、管道、烟道、锅筒、地下室、下水道、沟、窨井、坑(池)、涵洞、裙座等或其他封闭、半封闭设施及场所。

### 15. 受限空间"三不进入"指什么？

"三不进入"是指未经批准"受限空间作业许可证"不进入，安全措施不落实不进入，监护人不在现场不进入。

### 16. 高处作业动火要注意哪些事项？

(1)高处作业动火时，必须设置防止火花飞溅坠落的设施，并对其下方的可燃物、易燃物、机械设备、电缆、气瓶等采取可靠的防护措施，否则不准动火；高处作业下方 10m 范围内无可燃物。

（2）高处作业动火时，不得与防腐施工同时进行垂直交叉作业。

（3）高处电焊、氩弧焊作业人员在未到达作业位置之前，不得开启电源。

（4）高处交叉动火作业时，应设专人看火。

（5）风力大于 5 级时禁止高处作业动火。

### 17. 班组在作业结束后，应做哪些工作？

（1）作业结束后或本班次结束后，各作业点的负责人对作业点进行安全条件确认，并按照作业许可的要求关闭作业票或对作业点进行封闭。

（2）班组在作业结束后，应严格遵守文明施工及成品保护管理规定，作业区应做到"工完、料净、场地清"。在工作结束后仍存在安全隐患的，各作业点的负责人须及时向班组长报告，并采取临时措施，防止事故发生。

### 18. 班组如何做好安全培训工作？

（1）加强班组培训资源建设，班组长应根据本单位的培训计划，积极组织人员参加培训，提高各岗位的工作能力。

（2）完善班组培训的基础设施，有充足的班组培训教材、课件和书籍，班组应有公司的 HSE 管理文件、安全活动要求、事故信息和来自上级或甲方的安全要求等。

（3）班组长应根据培训计划，积极组织本组成员参加各类培训，并利用雨休等时间开展各类安全防护技能培训，各班组成员在培训期间内须按培训规定要求完成相应的培训内容。

（4）班组应开展师带徒、应急演练、仿真模拟培训等手段进行岗位安全防护技能实训工作，并通过劳动竞赛、技术比武、岗位练兵、知识竞赛和技术交流等方式促进岗位的安全防护水平。

（5）班组长负责组织实施新员工和转岗、复岗员工三级教育中的班组级安全教育，教育时间不得少于 16 学时，并进行基本工作能力考核，合格后方可允许其上岗作业。

## 19. 新员工在班组级安全教育中必须接受哪些安全教育？

新员工在班组级安全教育中必须接受应不少于以下内容的安全教育：

（1）本班组的概况、生产特点、作业环境、危险区域、设备状况、安全设施等。

（2）本岗位安全操作规程，岗位间衔接配合的安全注意事项。

（3）本岗位工作危险性分析和防范措施，安全防护设施的性能、作用和使用操作方法，个人防护用品的使用和保管方法。

（4）作业活动中应遵守的安全规定。

（5）本岗位可能发生的典型事故案例。

## 20. 班前会的内容有哪些？

班组长应掌握本班组安全生产动态，根据作业内容的变更，作业前及时按照《工作安全分析（JSA）》和《安全检查（SCL）表》方法开展危害识别。班组长认真履行每日班前安全讲话，班前安全讲话必须做到"三交一清"，即向班组成员交待作业任务（包括谁来做、做什么、在哪儿做、什么时间做、怎么做）、交待作业环境（包括与当日作业相关的周围环境等）、交待作业中的危险因素及预防措施，清楚班组成员的身体和思想状况等。针对当日施工生产任务，分析存在的危险源，交清相应的 HSE 措施，并在工作中确保班组成员执行。班组长应组织并做好班组周一的安全活动和每天的安全讲话，并记录《班组施工日记》，做到记录及时、准确、完整，记录字迹要工整、清楚。所有参加班组讲话的人员必须在出工前在班组日记"班组实际出勤人员"栏签字。

### 21. 消防工作中的"三懂四会"指的是什么？

三懂：懂火灾危险性、懂预防措施、懂扑救方法；

四会：会报警、会使用消防器材、会扑救初期火灾、会组织人员疏散。

### 22. 中石化规定禁用手机的区域有哪些？

禁用区域包括但不限于：生产装置、罐区、油品装卸作业区域；油库、加油站、加气站等生产区域；采油厂、油气集输场站、炼化生产装置、长输管道运行等仪表监控岗位；钻井、井下作业现场；工程建设、检维修项目高处作业、吊装作业等高风险区域。